小轻工

中小学生

劳动实践：整理与收纳

欧欧 著

中国轻工业出版社

图书在版编目（CIP）数据

劳动实践：整理与收纳 / 欧欧著. —北京：中国轻工业出版社，2024.5

ISBN 978-7-5184-4090-0

Ⅰ.①劳… Ⅱ.①欧… Ⅲ.①家庭生活—基本知识—儿童读物 Ⅳ.①TS976.3-49

中国版本图书馆CIP数据核字（2022）第145609号

责任编辑：巴丽华　　责任终审：张乃柬　　版式设计：锋尚设计
封面设计：董　雪　　责任校对：晋　洁　　责任监印：张京华

出版发行：中国轻工业出版社（北京鲁谷东街5号，邮编：100040）
印　　刷：北京博海升彩色印刷有限公司
经　　销：各地新华书店
版　　次：2024年5月第1版第2次印刷
开　　本：787×1092　1/16　印张：8
字　　数：100千字
书　　号：ISBN 978-7-5184-4090-0　定价：49.80元
邮购电话：010-85119873
发行电话：010-85119832　010-85119912
网　　址：http://www.chlip.com.cn
Email：club@chlip.com.cn

240687E3C102ZBW

前言

养成好习惯，从整理收纳开始

孔子曰："少年若天性，习惯如自然。"习惯，不仅与我们当前的学习生活息息相关，更关系到今后的成长和发展。做好整理收纳有助于养成好习惯。《义务教育劳动课程标准（2022 年版）》中明确规定，"整理与收纳"为中小学劳动课程中"十大任务群"之一。因此，我们应充分重视整理与收纳，并由此开始，养成好习惯。

一屋不扫，何以扫天下

东汉时期，有一个叫陈蕃的人，年少时志向远大，一心想着报效国家。一天，他父亲的老朋友薛勤来看他，见屋子里杂乱无序、凌乱不堪，就对他说："你怎么不打扫整理一下屋子呢？"陈蕃答道："大丈夫处世，应当以扫除天下的祸患为己任，为什么要在意一间小小的屋子呢？"

薛勤当即反问道："一屋不扫，何以扫天下？"陈蕃听了感到很羞愧。从此，他开始扫除垃圾、整理房间，从身边一件一件小事做起，最终成为东汉名臣。

我们身边，有很多人会犯同样的错误。这时候，我们应该和陈蕃一样意识到：整理收纳，不仅是眼下的"小事"，还是影响我们今后成长和发展的"大事"。

“一屋不扫”可能会导致很严重的后果

整理收纳习惯不好的同学，生活中常常会犯这样的错误。

× 用完东西到处扔，不将物品放回原处

× 不愿整理自己的物品，喜欢依赖大人

× 经常找不到自己的东西，“忘性”较大

× 不知道如何整理物品，越整越乱

除了这些体现在物品上的“小问题”之外，不会整理的同学在行为习惯上的毛病也会非常多，比如：

× 写作业不专心

× 注意力不集中

× 东西丢三落四

× 做事拖拖拉拉

有什么办法能够帮助大家解决这些问题，从而养成好习惯呢？

答案是：坚持做好整理收纳。

学习整理收纳好处多多

整理收纳，主要包含六大步骤：选择、分类、规划、收纳、珍藏、断舍离。这个工作可以培养我们的六大核心素养：专注力、自我管理能力、独立思考能力、秩序感、珍惜、自律。

① 对物品的选择：让我们自发感知、自主思考和判断；

② 对物品的分类：独立思考、反复练习，构建清晰的逻辑思维；

③ 对空间的规划：掌控收纳空间，获得归属感和界限感；

④ 对物品的收纳：打造井然有序的环境，不被杂物杂念困扰，拥有秩序感和专注力；

⑤ 对物品的珍藏：懂得珍惜，并由物及人，再到时间和生命；

⑥ 对物品的断舍离：建立以自我为轴心的评估标准，管理人与物的关系。

学会整理收纳，不仅能够拥有一个井然有序的环境，更重要的是培养良好的行为习惯，感受到自己有创造美好生活的能力，从而收获更自律、更美好的人生。

目录

第一章 学习区的整理收纳

第二章

生活区的整理收纳

第三章

玩乐区的整理收纳

第四章

兴趣班物品、体育用品的整理收纳

第五章

儿童纪念物品的整理收纳

第六章 旅行物品的整理收纳

第七章 关键场景中的好习惯行为解析

第一章

学习区的整理收纳

一、书包的整理收纳

书包是学习的必备用品，整齐有序的书包会帮助我们在上课或学习过程中，快速拿取相应的物品，提高学习效率。整理书包的过程也是大脑思考的过程，判断需要哪些物品、对物品进行分类，这种有条不紊的思考方式能够让我们受益终身。

说一说 你更喜欢哪一种场景呢？

选一选 书包里面应该装入哪些物品呢？在“□”内打“√”

□

□

□

□

□

□

书包里只能装和学习有关的物品，和学习无关的玩具、零食、电子产品可不能带到学校哦！

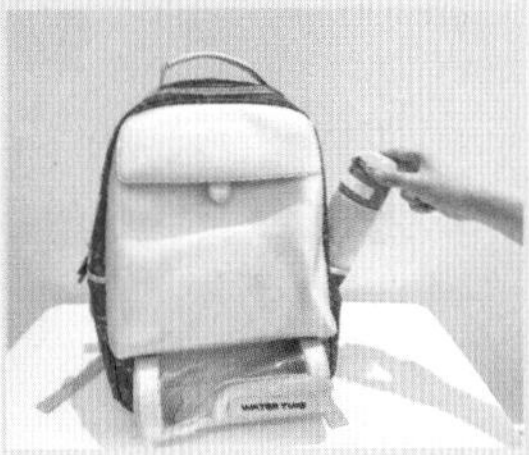

分一分 通常我们可以把书包里的物品分为四大类。

第一类 纸质类

教科书

作业本

试卷资料

第二类 文具类

文具

学科学具

美术用品

第三类 小体积物品

红领巾

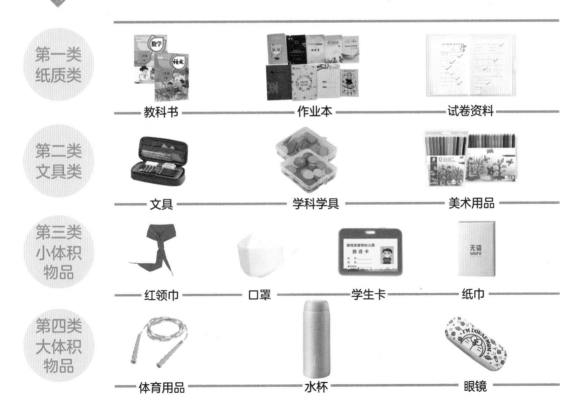

口罩

学生卡

纸巾

第四类 大体积物品

体育用品

水杯

眼镜

01 教科书、作业本、试卷的整理收纳

常见误区

小小的书包，也有大大的难题，有些同学感叹每天都在跟书包“做斗争”。为什么每天都整理书包，可还是那么乱呢？那是因为他们整理的方法不对。

错误场景

随意把书本放进书包里

书本按照大小放

正确方法

准备四个收纳袋，贴上标签：语文、数学、英语、其他。把同一个学科的教科书、作业本、试卷合并在一起放入收纳袋中。

收纳成果

拉链式收纳袋

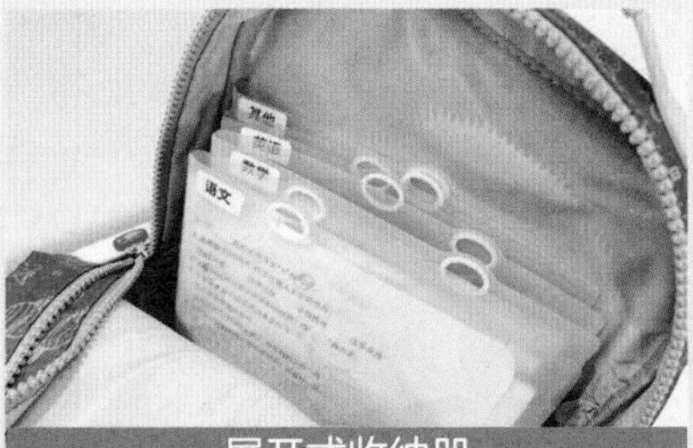
展开式收纳册

把同一学科的教科书、作业本、试卷合并在一起收纳，可以让书包变得更整齐，我们在上课的时候也只需要做一次拿取的动作，节省时间，方便高效。

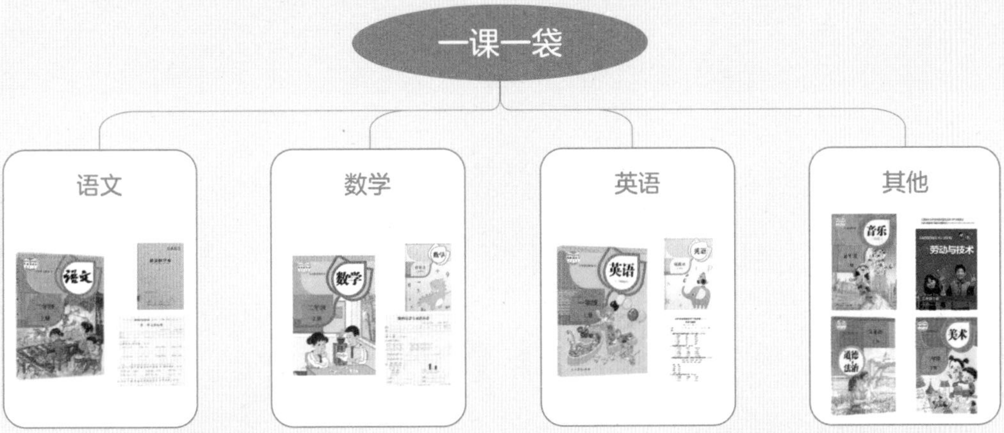

如何收纳：一课一袋（拉链式）

拉链式一课一袋是最常见的收纳袋，可选不同颜色用于区分学科。

使用工具

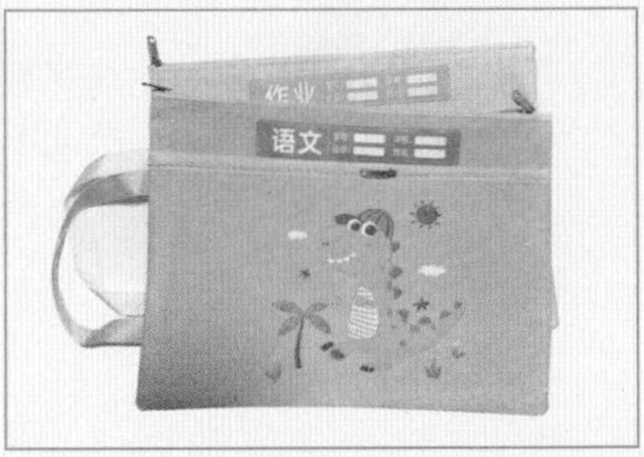

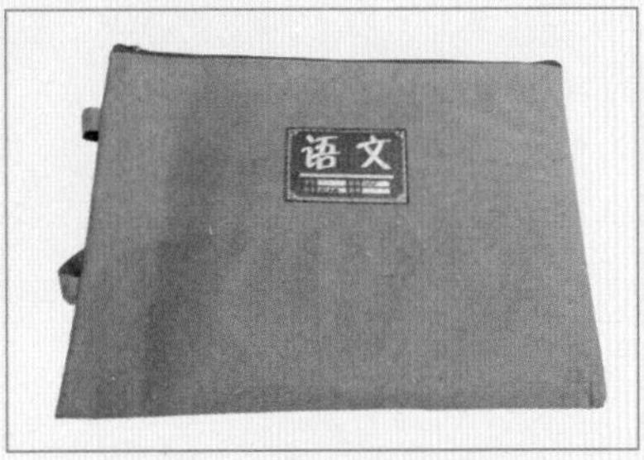

收纳成果

一课一袋

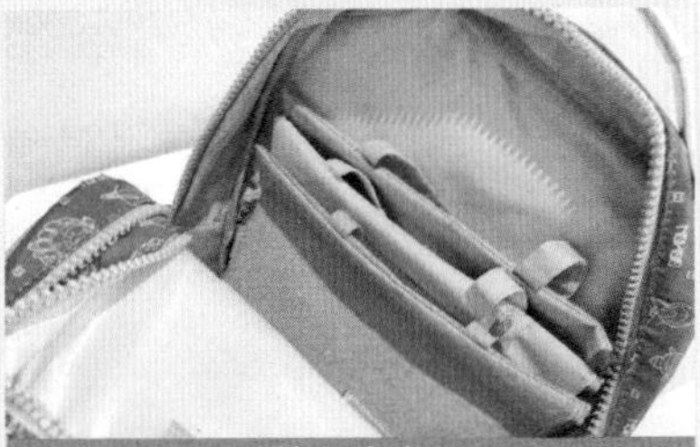

放入书包

如何收纳：一课一袋（展开式）

扫一扫看视频

相比于拉链式收纳，展开式收纳册对书本的分类更加清晰，还可以直接收纳 A3 大小的试卷。

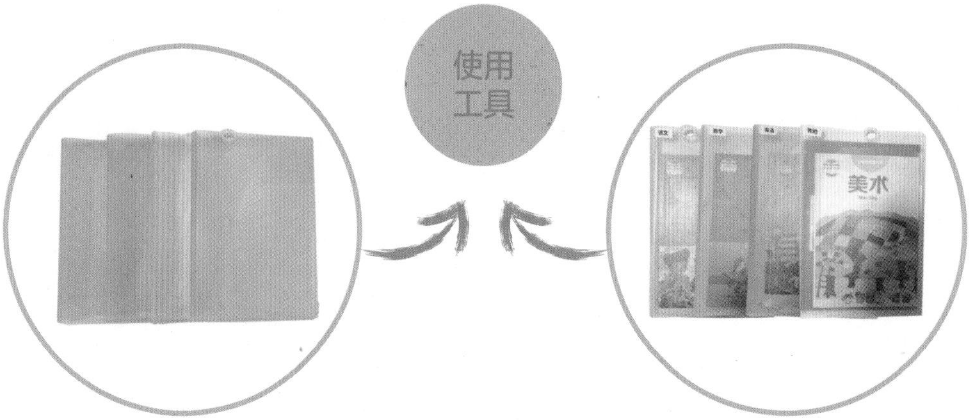

试卷
资料
（底）

教科书
教辅书
（左）

生字本
作业本
错题本
（右）

收纳成果

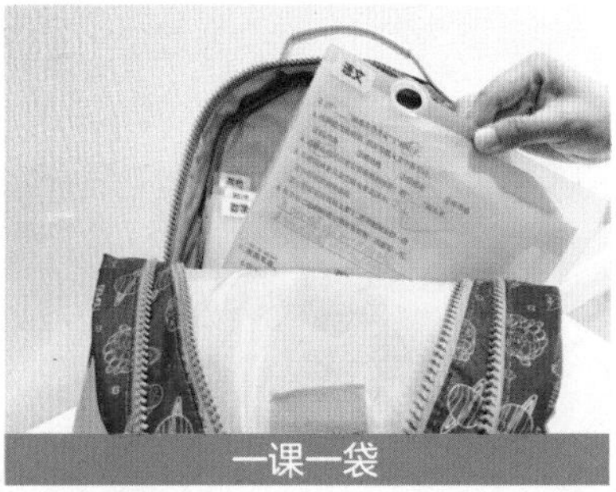

一课一袋

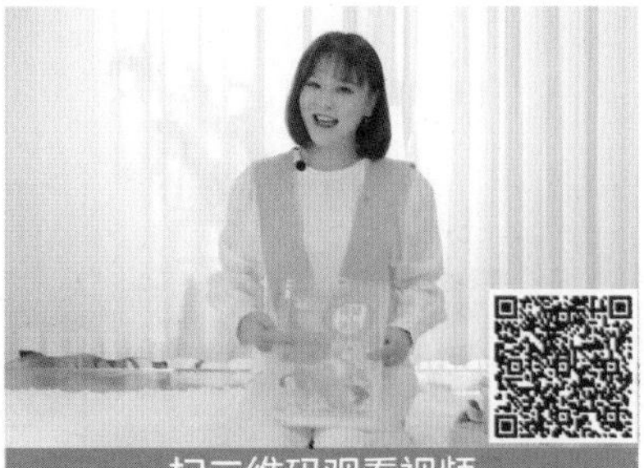

扫二维码观看视频

02 文具盒、学具、美术用品的整理收纳

常见误区

人们通常认为，文具盒越大装得越多，功能越多就越高级，这是一个错误的想法。文具盒内文具太多，可能会给我们带来很多的烦恼。比如：①数量多不好管理；②容易丢三落四；③容易分散注意力。

错误场景

文具太多管理不了

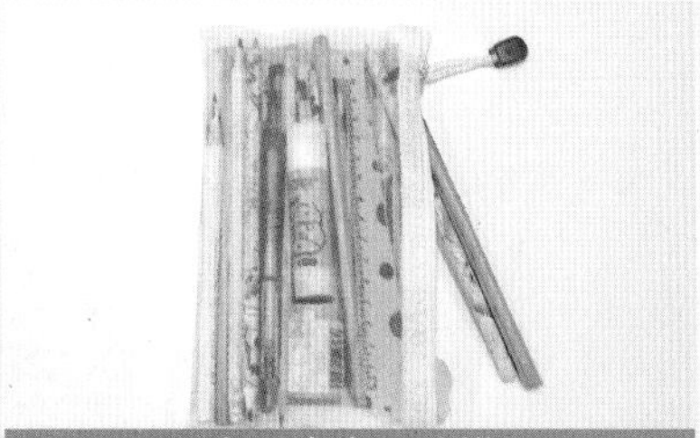

文具太多不珍惜

正确方法

我们根据一天的用量或者老师的规定来整理文具盒，这样做的好处很多：①数量少容易管理；②不容易丢三落四；③更懂得珍惜文具。

正确场景

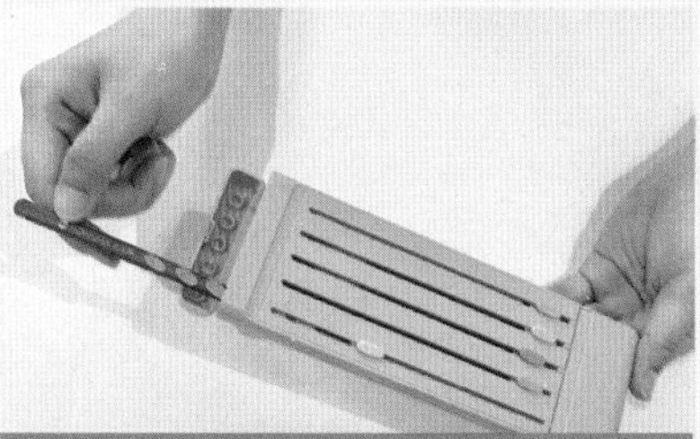

定位文具盒

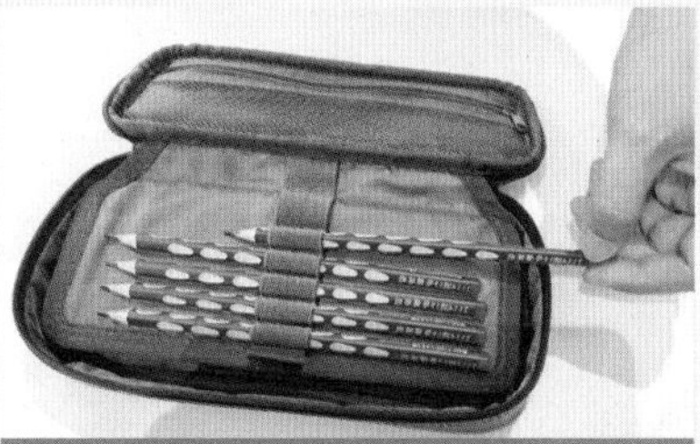

定位文具袋

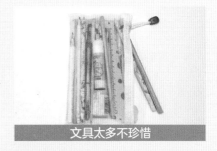

如何收纳：一日之用，定量管理

扫一扫看视频

文具清单

- 1~3 年级：5 支铅笔、1 块橡皮、1 把直尺
- 4~9 年级：1 支写字铅笔、1 支答题铅笔、1 块橡皮
  黑、蓝、红色中性笔各 1 支
  直尺、三角尺、量角尺各 1 把

1~3 年级

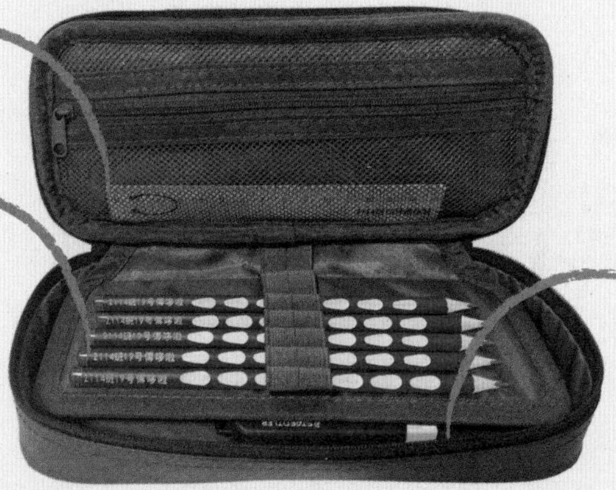

4~9 年级

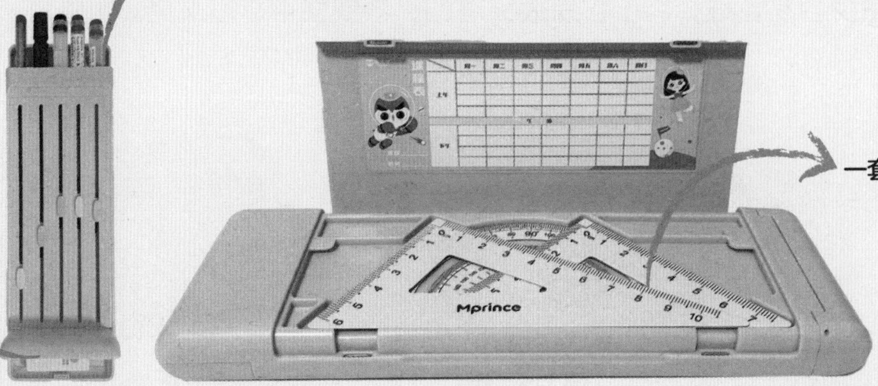

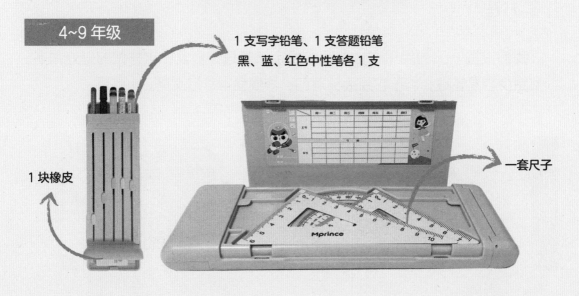

如何收纳：学科学具、美术用品

数学课、劳动课、美术课都可能会使用学具，一些零散的学具很容易被弄丢。我们可以按照学科分类，装在透明收纳袋或 A5 收纳盒里，这样既美观又一目了然，拿取时再也不用东翻西找了。

使用工具

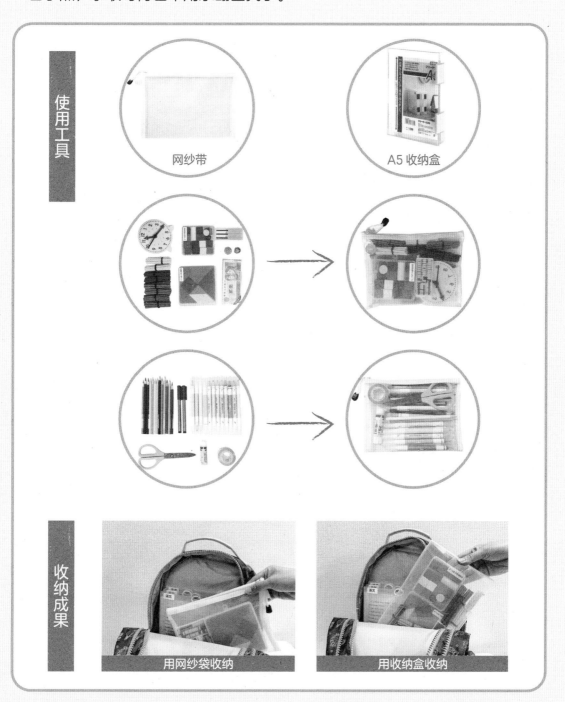

网纱带

A5 收纳盒

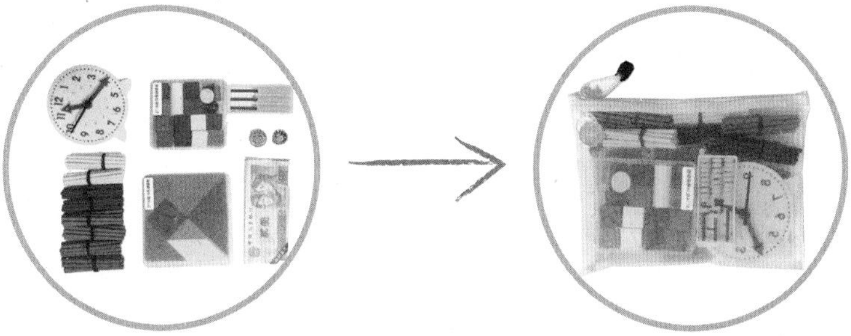

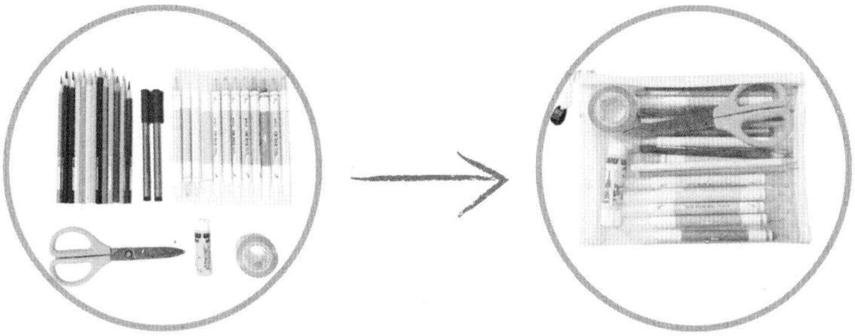

收纳成果

用网纱袋收纳

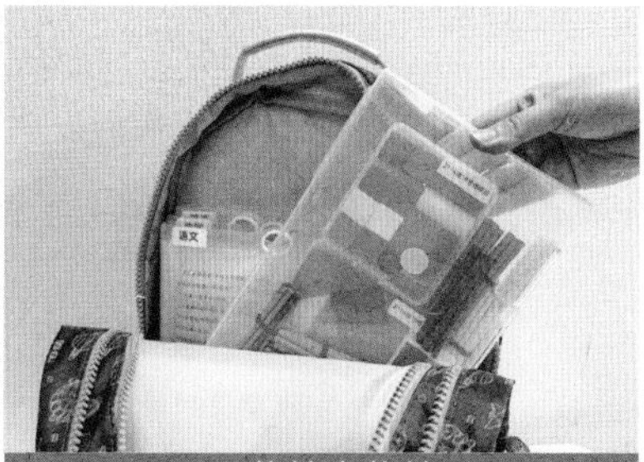

用收纳盒收纳

03 小体积物品的整理收纳

如何收纳：“左右护法”DIY

扫一扫看视频

红领巾、口罩、纸巾、学生卡、牛奶卡、图书卡等，这些东西因为体积小，总是容易被忘记。一会儿放在这个包里，一会儿放在那个包里，要用的时候常常找不到。快来试试“左右护法”收纳法吧，给你的书包做一个 DIY（自己动手制作），搞定这些“小”事情。

使用工具

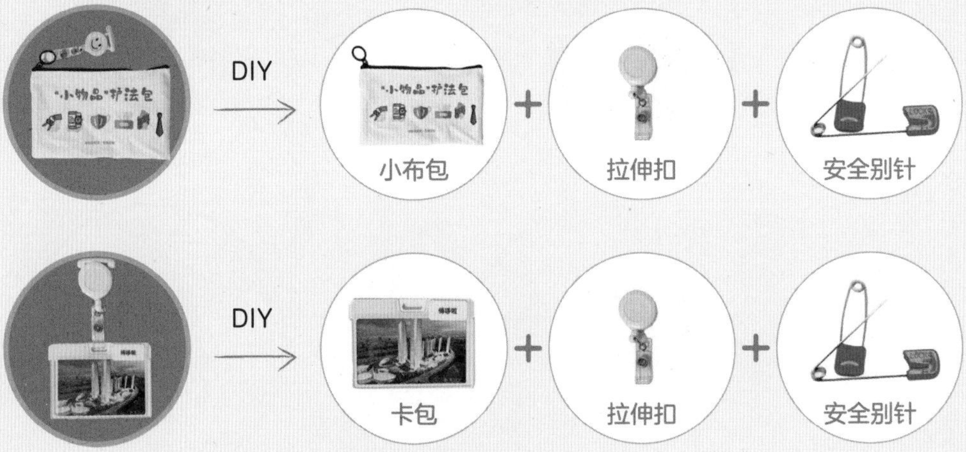

收纳成果

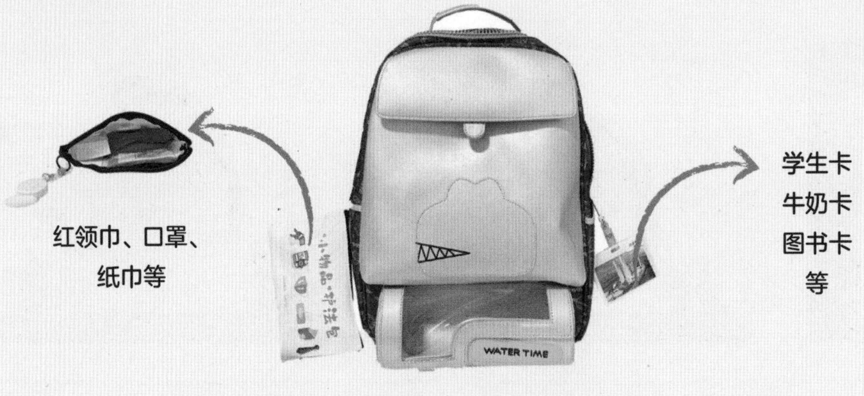

04 大体积物品的整理收纳

如何收纳：水杯、跳绳、眼镜

水杯、跳绳、眼镜这类体积较大的物品尽量不要和书本、文具、小物品混在同一个空间里，要给它找到合适且固定的空间。用这样的方法，我们再也不会忘记它的“家”了。

收纳成果

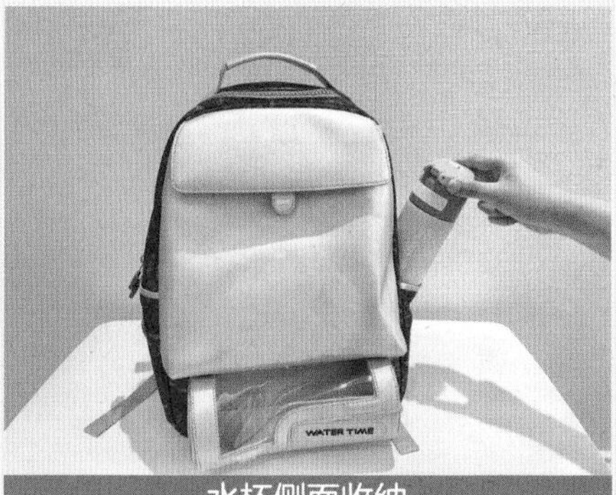

水杯侧面收纳

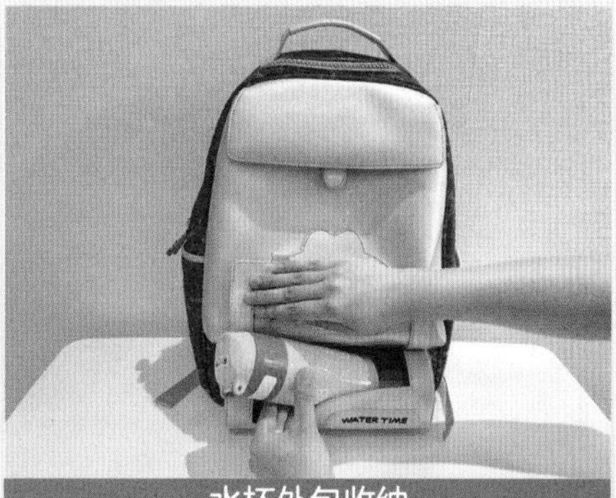

水杯外包收纳

眼镜侧面收纳

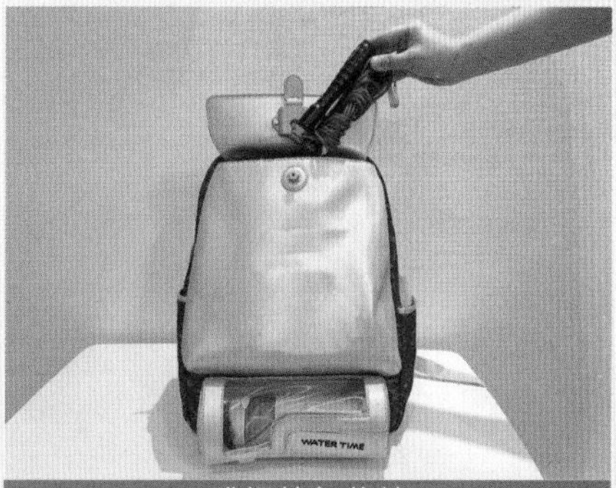

跳绳外包收纳

二、书桌的整理收纳

同学们，凌乱拥挤的书桌可能会让你的大脑逻辑混乱，破坏你的专注力。如果我们一会儿摸摸这儿，一会儿找找那儿，就会降低学习效率。书桌的整理，不应只是追求整齐，更要运用科学的方法、合理的设置，才能帮助我们提升学习效率、养成专注于目标的习惯、更好地管理时间。

说一说 你更喜欢哪一种场景呢?

选一选 书桌上面可以摆放哪些物品呢？在“□”内打“√”

□

□

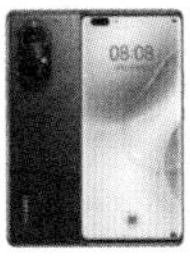
□

□

□

□

书桌只能出现和正在学习有关的物品，和当前学习无关的所有物品请清理出书桌！

分一分 通常我们可以把书桌收纳分为三个区域来使用。

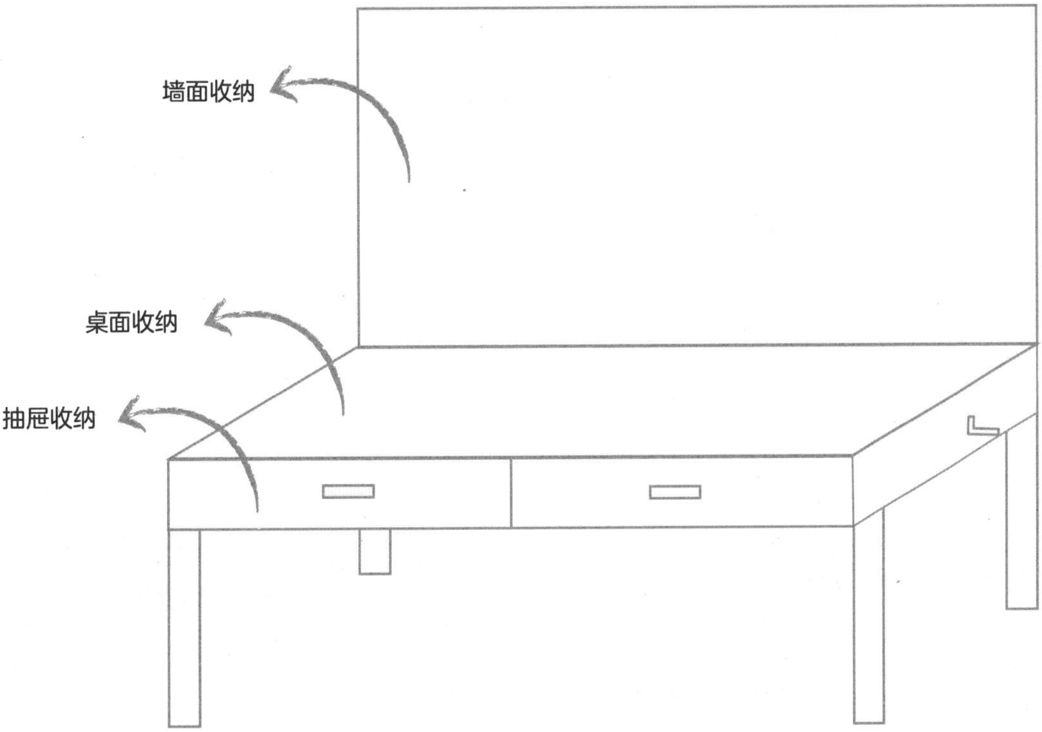

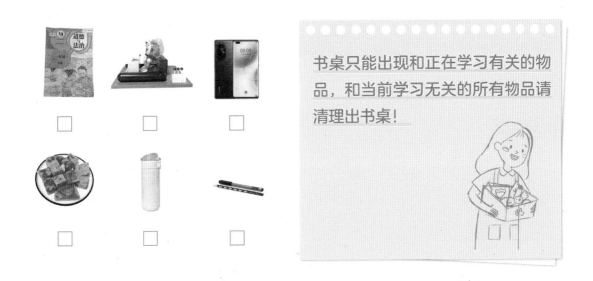

01 书桌桌面的整理收纳

常见误区

书桌桌面如果堆满各种书籍、文具、玩具、杂物等，就会让我们的使用空间变得狭窄。

错误场景

桌面堆满物品

做作业空间狭窄

正确方法

书桌桌面并不是一个收纳空间，而是一个使用空间，它首先要确保使用时足够宽敞和舒适。同时，为了保证我们在学习的时候不被其他物品分散注意力，书桌上不要放置跟学习无关的物品。

正确场景

不写作业时的桌面

写作业时的桌面

如何收纳：桌面三件套

扫一扫看视频

台灯、计时器、未完成已完成收纳盒。

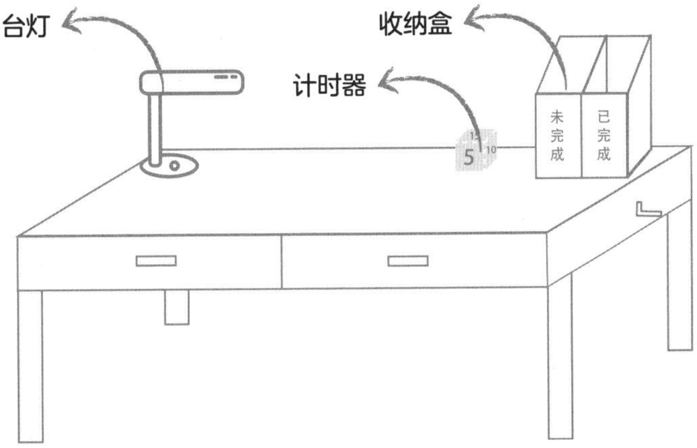

写作业时，把书本及作业本分为：正在使用、等待完成、已经完成三种状态。把需要用到的文具放到桌面左手边，书本和作业本放置桌面中间，其余的放置在未完成或已完成的收纳盒里。

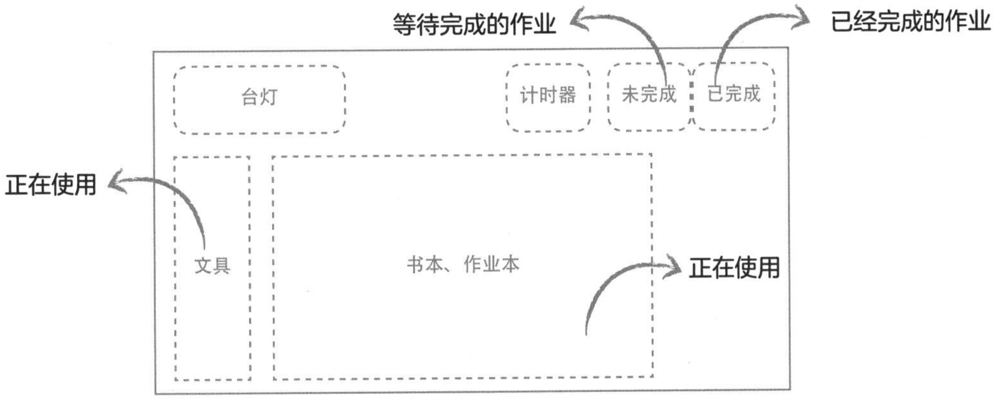

正确场景

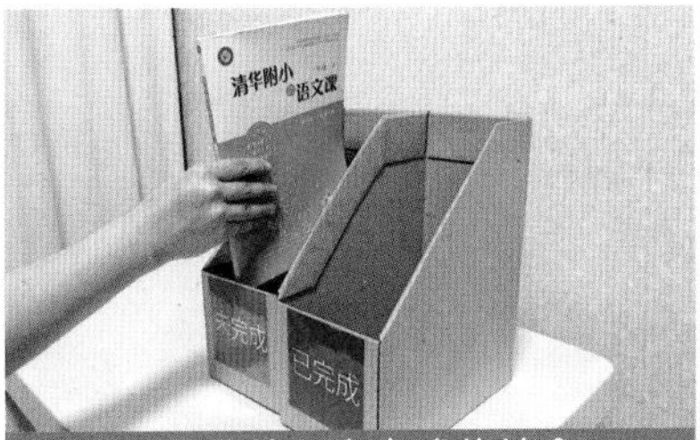

把作业放入未完成收纳盒

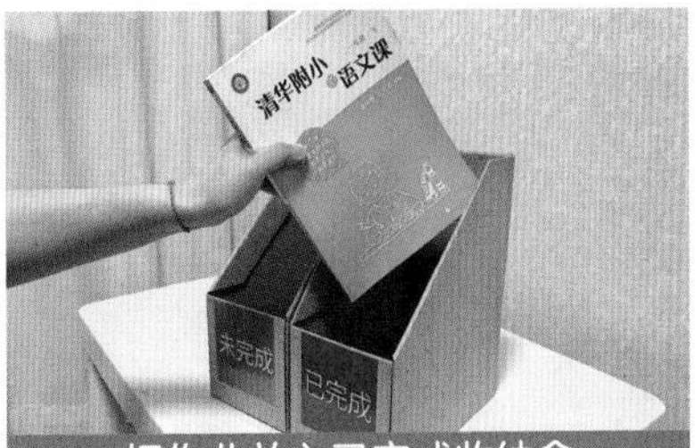

把作业放入已完成收纳盒

02 书桌抽屉的整理收纳

常见误区

如果书桌抽屉里各种文具、工具、杂物、小东西层层叠叠地随意混放，大家在找东西的时候就会变得越来越低效、困难。

错误场景

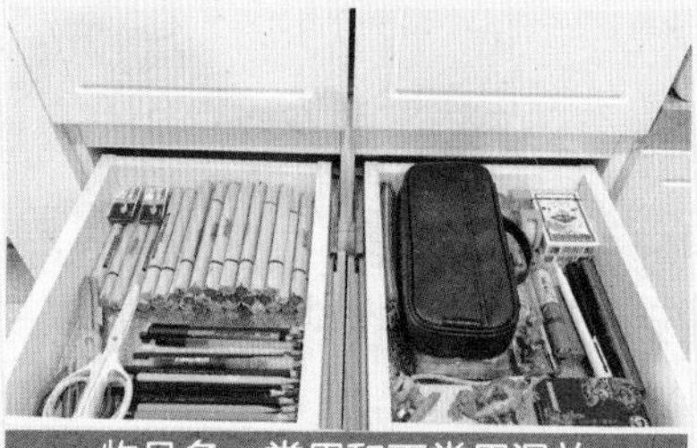
物品多，常用和不常用混放

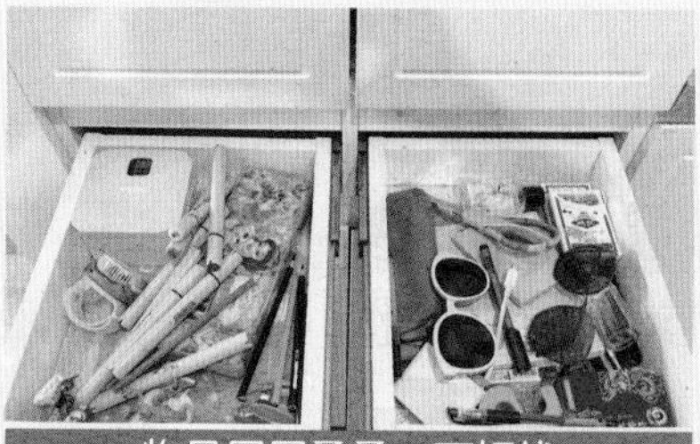
物品层层叠叠，不好找

正确方法

书桌抽屉不是杂物箱，只应放置经常使用以及偶尔使用的学习物品。经常使用的如铅笔、中性笔、橡皮、剪刀等，同类物品只出现一个；偶尔使用的如马克笔，一类一袋收纳好。

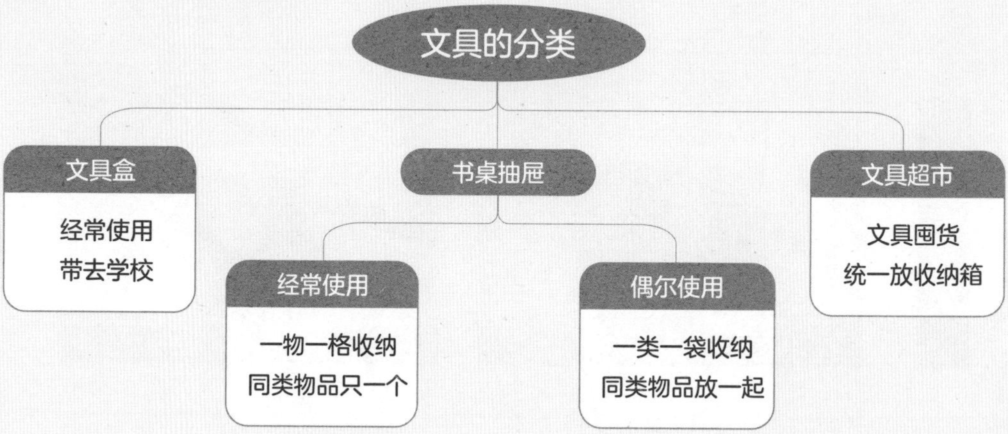

如何收纳：一物一格收纳法

扫一扫看视频

选择出经常使用的物品，同类物品只留一个。根据物品形状，用分装隔板组合成合适的空间，每样物品放置在固定的格子里。

正确场景

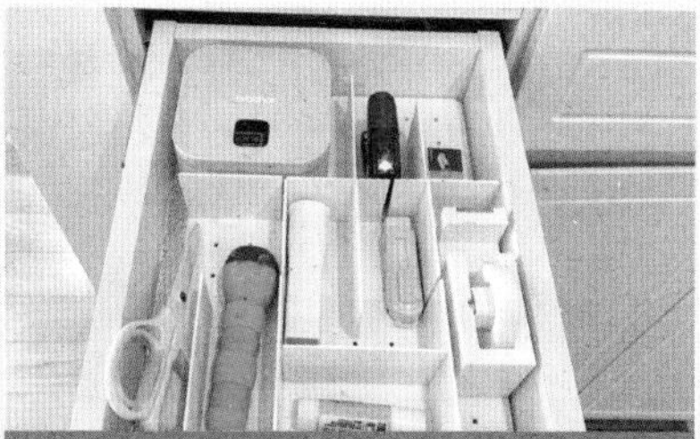

一物一格展示图 1

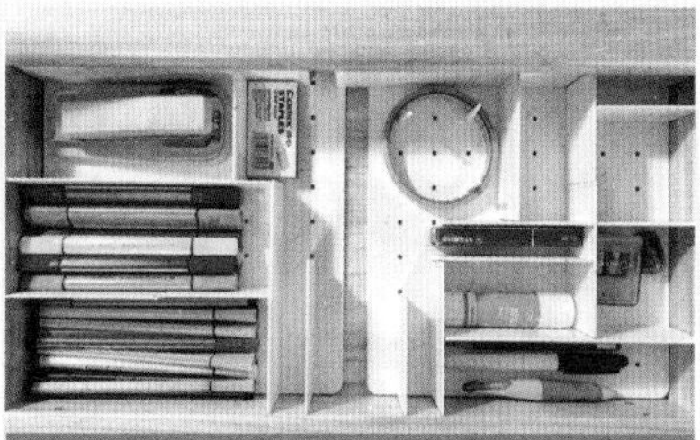

一物一格展示图 2

收纳步骤

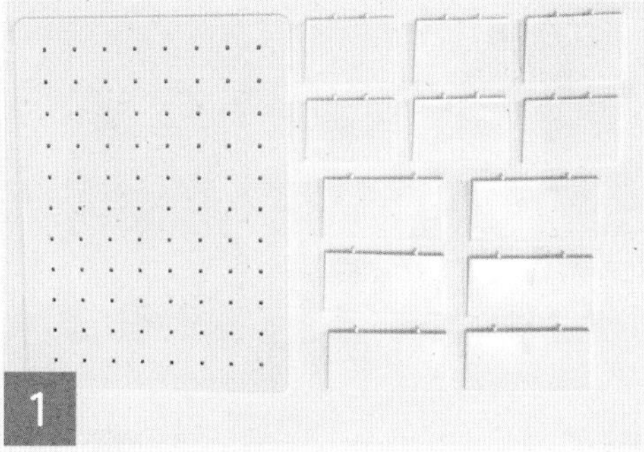

1

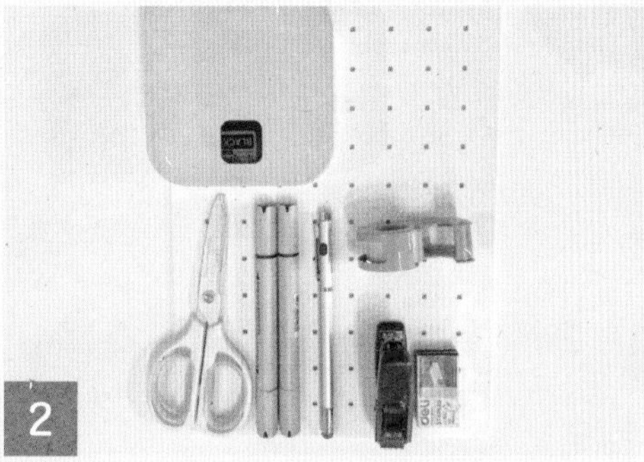

2

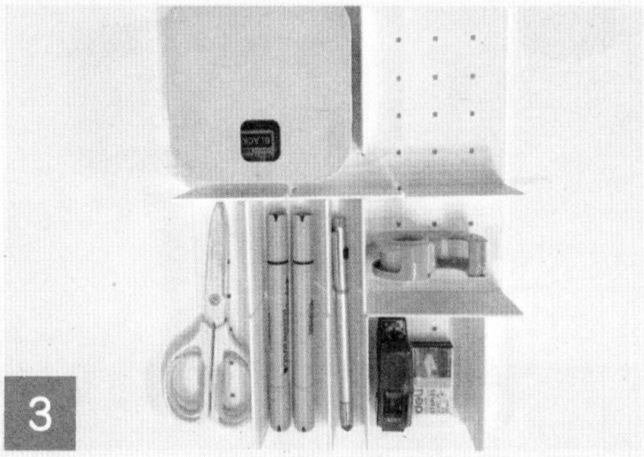

3

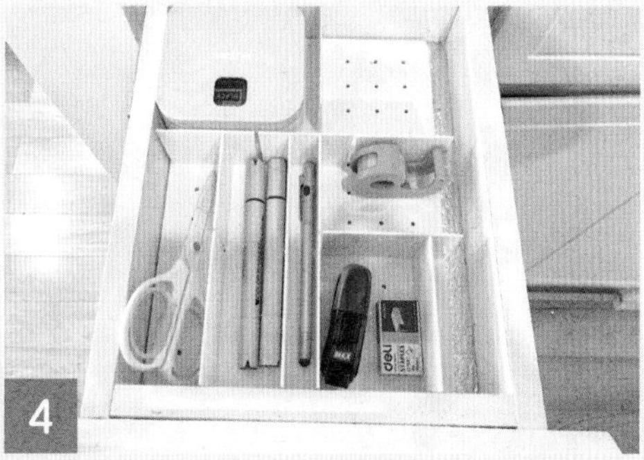

4

1. 取出底板和所有配件
2. 物品摆在合适的位置
3. 在物品之间插入隔板
4. 放入抽屉

如何收纳：牛皮纸袋收纳法

根据抽屉的大小选择合适尺寸的牛皮纸袋，折叠后摆放，将偶尔使用的同类物品放置在一个牛皮纸袋里。

正确场景

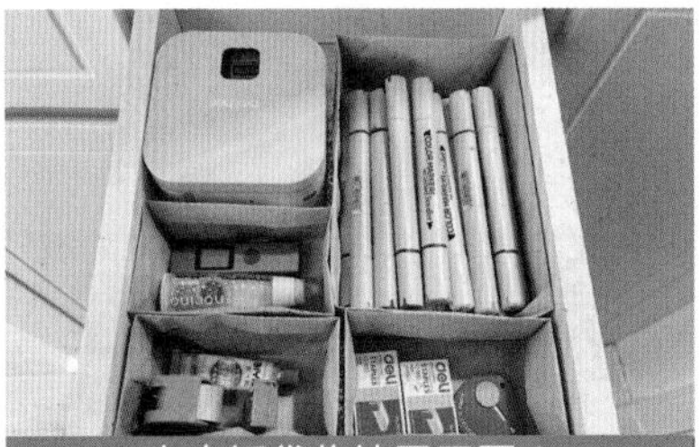
牛皮纸袋收纳展示图 1

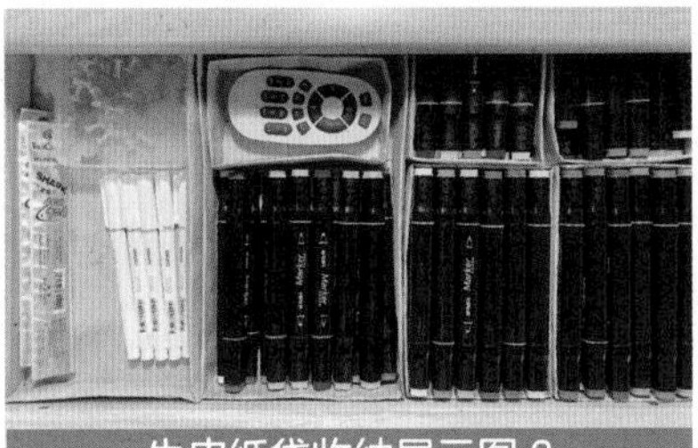
牛皮纸袋收纳展示图 2

收纳步骤

1. 准备一个牛皮纸袋
2. 袋口向内折叠约三分之一
3. 继续折叠，形成两道折痕
4. 展开纸袋，沿着最上方折痕向内翻折
5. 沿着第二条折痕继续向内翻折
6. 一个漂亮的牛皮纸盒就完成了

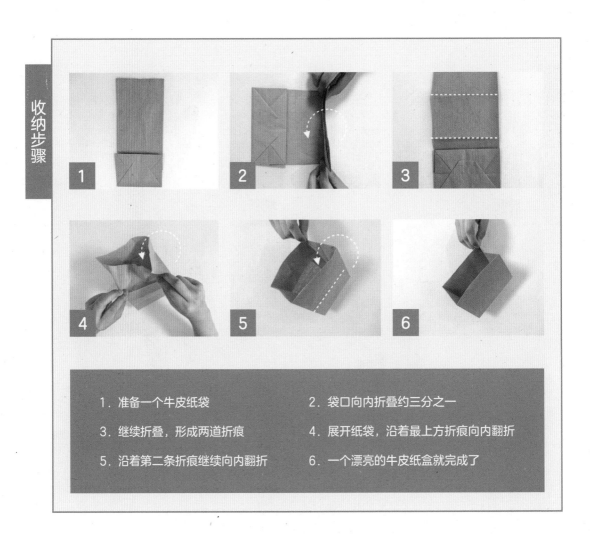

环保小达人：购物袋 DIY

购物袋 DIY 收纳法：根据抽屉的大小选择合适尺寸的购物袋，剪去多余部分后，放置在抽屉里。

正确场景

购物袋 DIY 展示图 1

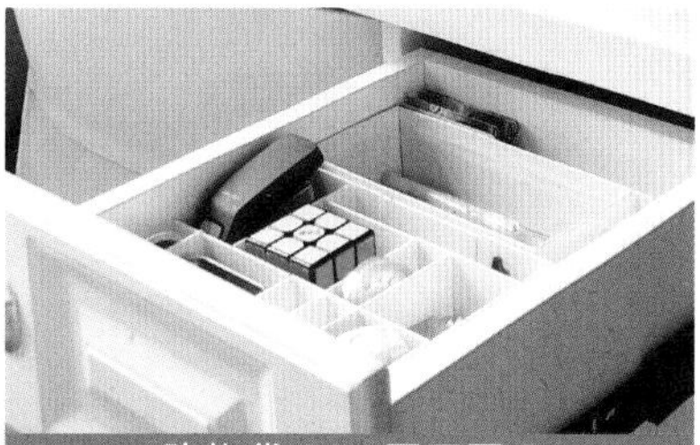

购物袋 DIY 展示图 2

收纳步骤

1. 选择一个硬材质的购物袋
2. 根据抽屉高度确定剪的位置
3. 用剪刀剪下所需部分
4. 把购物袋的底部留下，其余部分丢弃
5. 直接打开购物袋的底部，展开四个边
6. 将需要收纳的同类物品放置在纸盒中

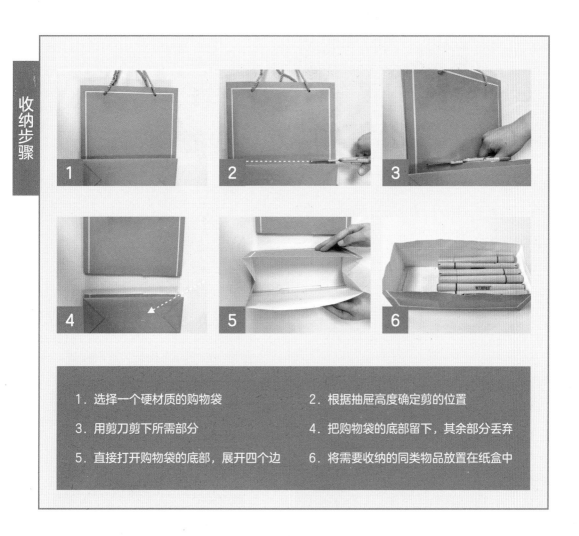

03 书桌墙面的拓展收纳

常见误区

书桌上的书架占据了桌面的使用空间，让我们在学习过程中有捉襟见肘的局促感，而书桌边闲置的墙面空间，如果能被合理地利用，能节约空间且使用便利。

错误场景

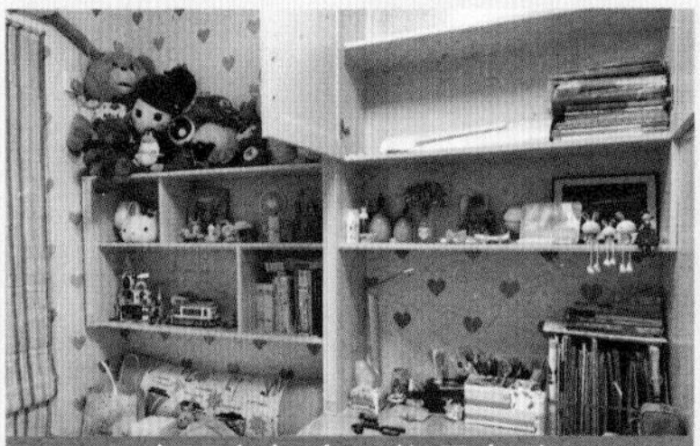

桌面书架多，物品杂乱

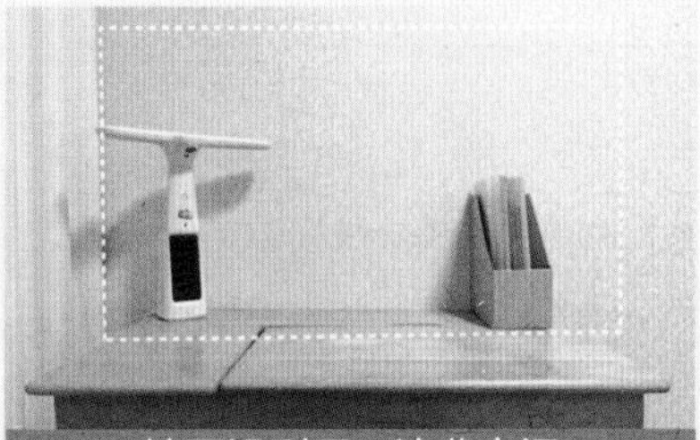

墙面没利用，浪费空间

正确方法

书桌靠墙摆放，安装洞洞板充分利用墙面进行收纳。把最常使用的电子产品，如平板电脑、电话手表、充电线，和最常使用的文具、学具放置在固定的位置上，做到一物一位、固定明了。

正确场景

书架收纳参考

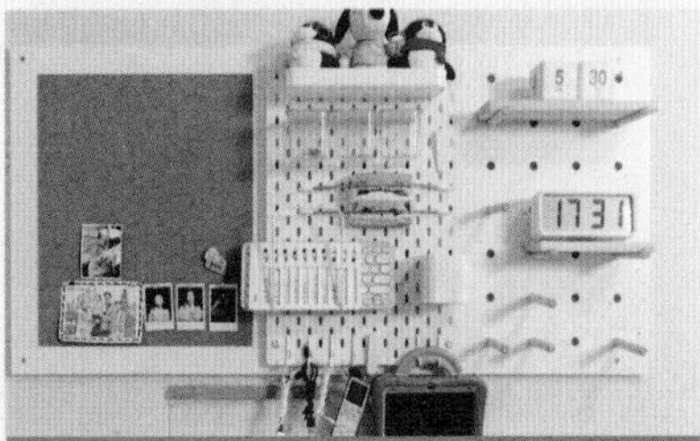

洞洞板悬挂式收纳参考

如何收纳：书架收纳法

如果书桌上已有固定的书架，建议优先放置定时器、未完成已完成收纳盒、常用文具，其余跟学习无关的物品，请清理出书架。同时，书架可以用来放置使用频率非常高的书籍。

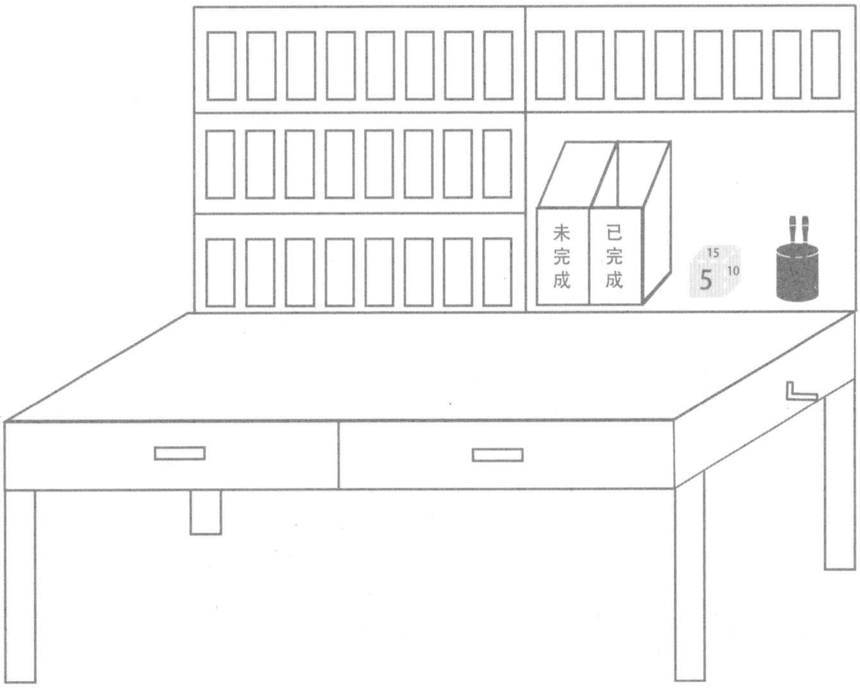

正确场景

书架收纳参考 1

书架收纳参考 2

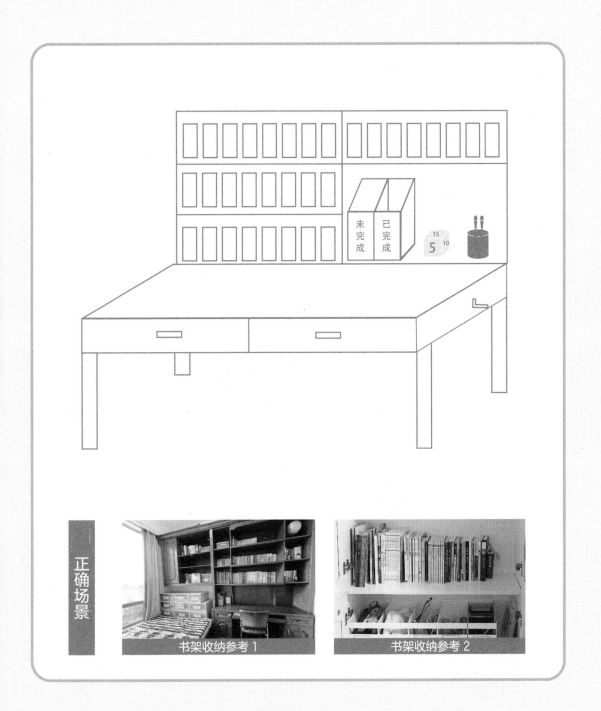

如何收纳：洞洞板收纳法

书桌建议靠墙摆放，在书桌前的墙面安装合适尺寸的洞洞板，将经常使用的文具、物品，放置在固定的配件上。

★以下步骤，建议请家长一起完成。

正确场景

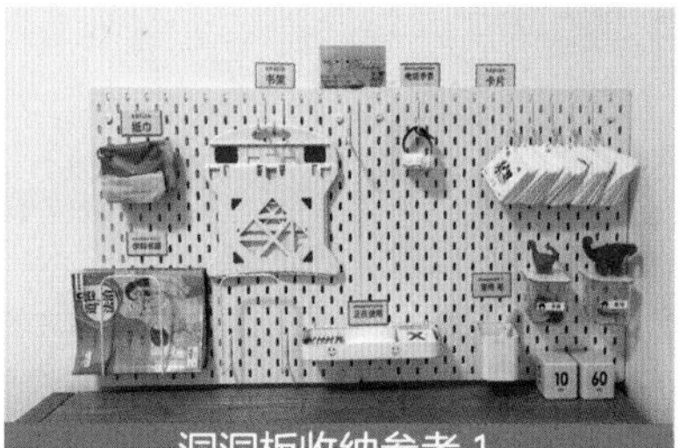
洞洞板收纳参考 1

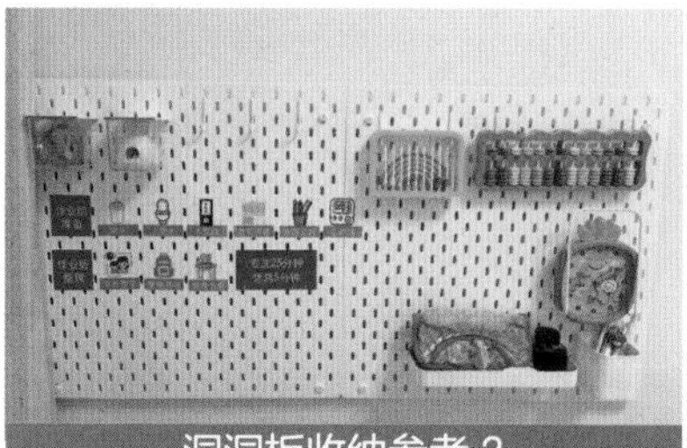
洞洞板收纳参考 2

收纳步骤

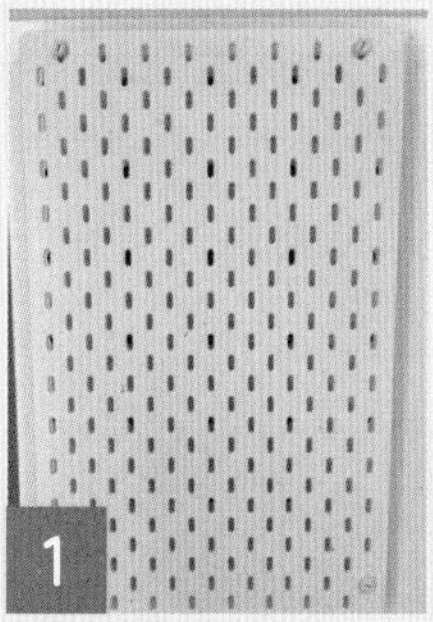

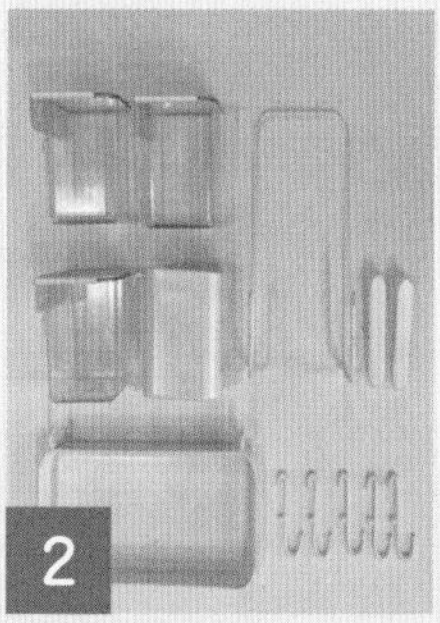

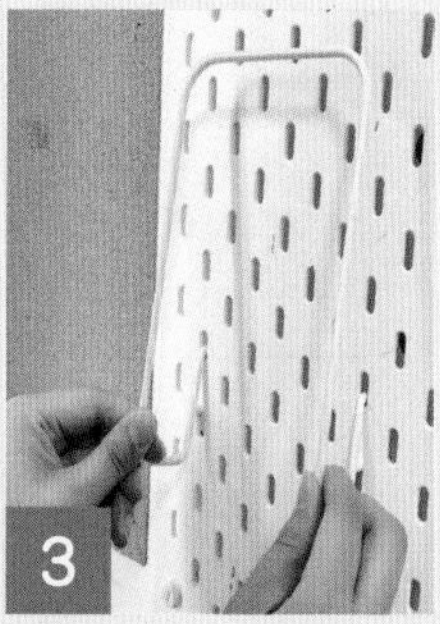

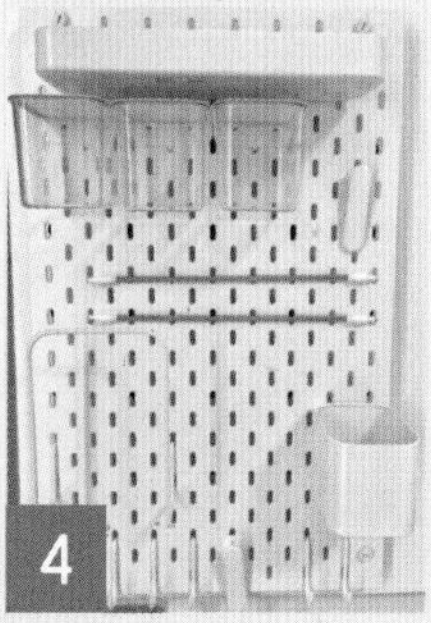

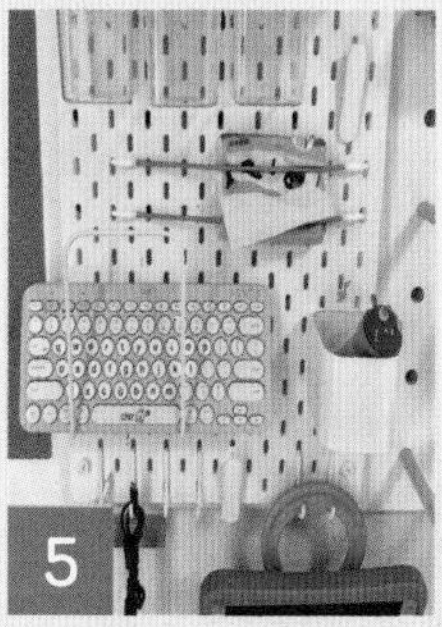

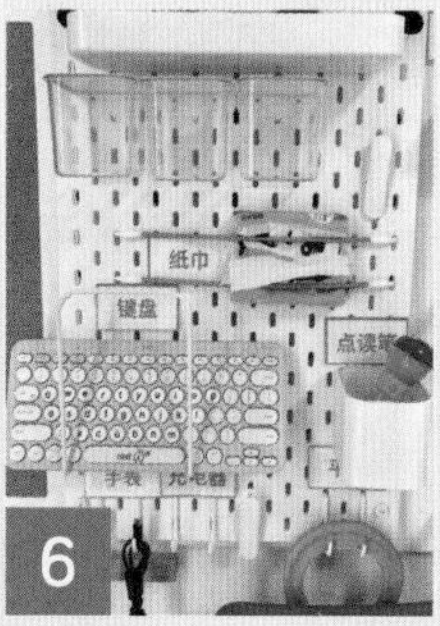

1. 准备一块洞洞板，安装上墙
2. 根据需要选择洞洞板配件
3. 在洞洞板上自由安装配件
4. 配件安装完毕
5. 放置需要上墙的物品
6. 在物品上面贴上标签

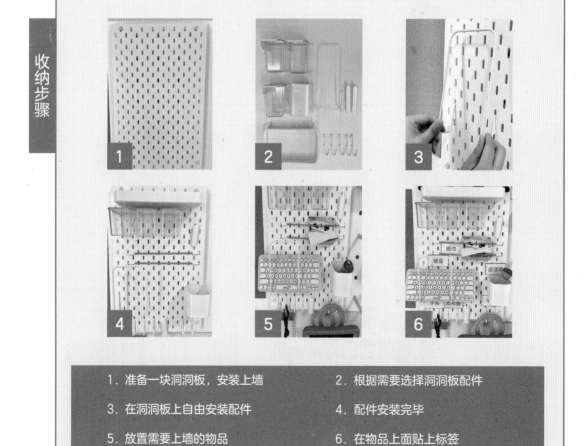

三、书柜的整理收纳

书本摆放整齐，不仅看起来赏心悦目，还有利于我们安心读书，逐渐养成良好的阅读习惯。

让我们一起来打造一个令人舒心愉悦的“读书角”吧！

说一说 你更喜欢哪一种场景呢？

选一选 书架上面可以摆放哪些物品呢？在“□”内打“√”

书架上只能放置书籍、文件、资料等，放置其他物品在书架上不仅看上去很乱，而且还会占用书籍的收纳空间。

分一分 通常我们可以把要收纳的书籍分为两个类别。

书籍的分类

- 正在使用：20~30 本
  - 学科书籍
  - 辅导书籍
  - 阅读书籍
- 等待使用：其余数量
  - 常用书籍
  - 不常用书籍
  - 超大或超薄的书籍

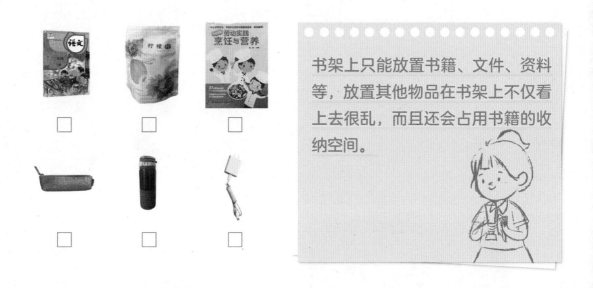

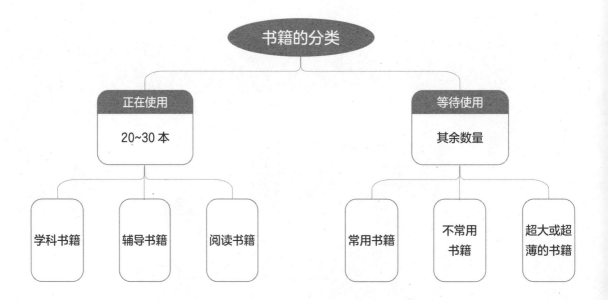

01 正在使用书籍的整理收纳

常见误区

如果我们把“正在使用”和“可能会使用”的书籍混在一起，就不容易快速找到我们想要的书籍。并且随着书籍的数量越来越多，堆积如山的书架会更难整理。

错误场景

书架上堆满了书

书籍层层叠叠

正确方法

请找出你最近一个月正在使用的书籍，建议低年级 20 本以内，高年级 30 本以内。

按照学科、辅导、阅读三个类别设置专属的收纳区，逻辑清晰，方便拿取。

收纳成果

方法 1：牛皮纸盒收纳法

方法 2：封面展示收纳法

如何收纳：牛皮纸盒收纳法

准备三个收纳盒，贴上标签——学科、辅导、阅读，放置在书架上最容易拿取的地方。

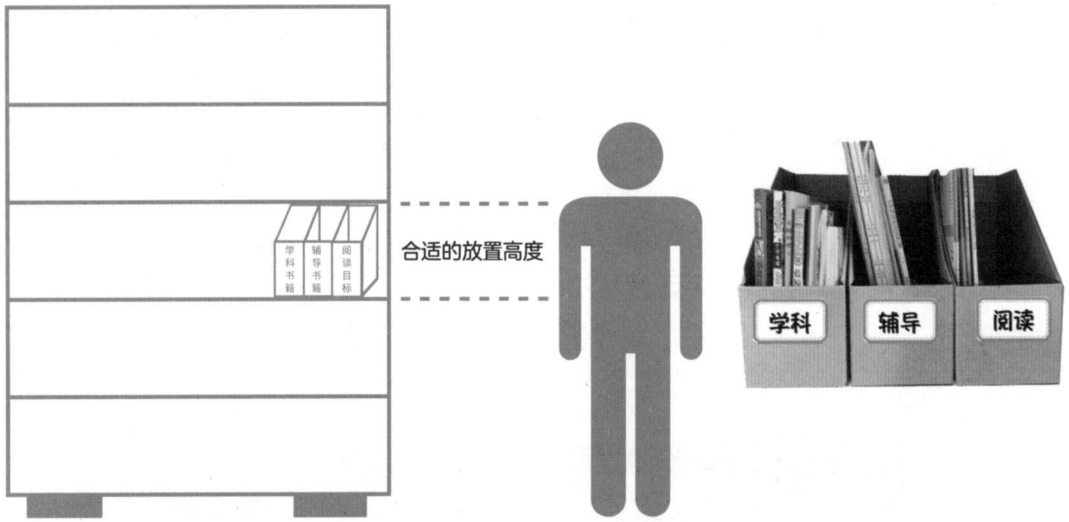

如何收纳：封面展示收纳法

利用墙面收纳架，把学科、辅导、阅读书籍分别放在三层书架上，把它们的封面露在外面。封面展示法相对于竖放书本来说，更容易一眼可见，方便我们查找自己想要的书籍。

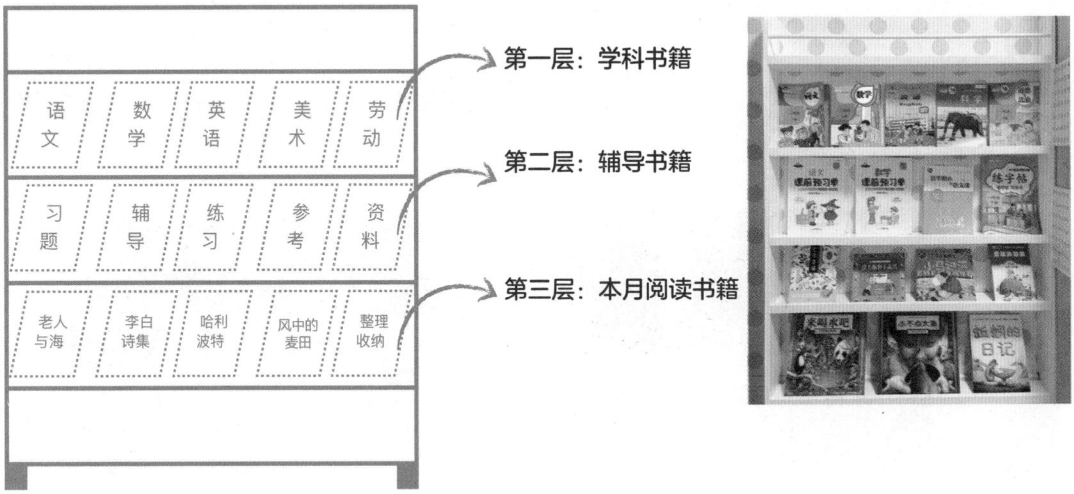

爱上阅读小妙招

阅读是一件很有意义的事情，使用科学的整理办法，能帮助我们更好地阅读。如：制作“阅读清单规划表”，使用“阅读存折”记录阅读进度，安排专属的睡前阅读区，打造一个令人愉悦的阅读角，等等。这会让我们享受阅读时光，从而爱上阅读。

①设置年度阅读清单规划表，可以让我们更有计划地去阅读。
②将年度大目标拆解为月度小目标，可以分解压力，有利于我们完成目标。
③将每一本书的阅读进度写入阅读存折，可以更好地掌控进程，还能让我们看到自己的进步和累积的结果，并能从中获得成就感，从而拥有继续坚持的动力。

场景展示

阅读清单规划表

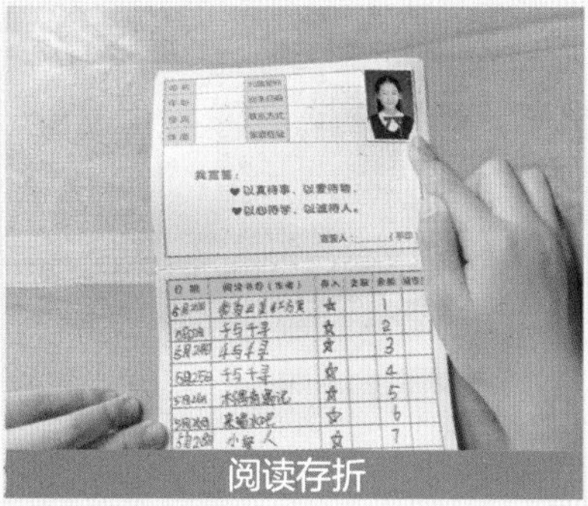

阅读存折

场景展示

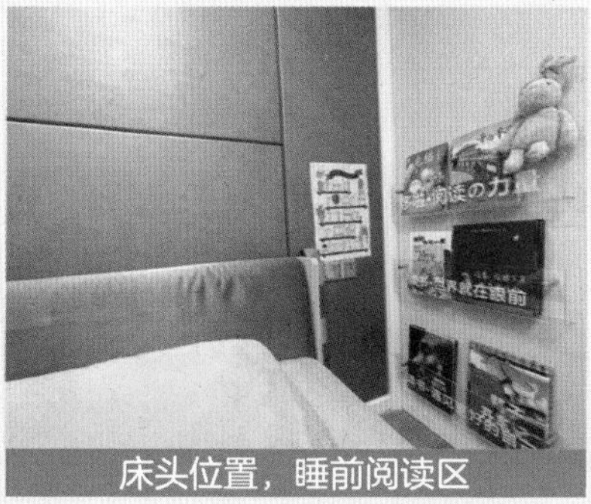

床头位置，睡前阅读区

舒适的阅读小天地

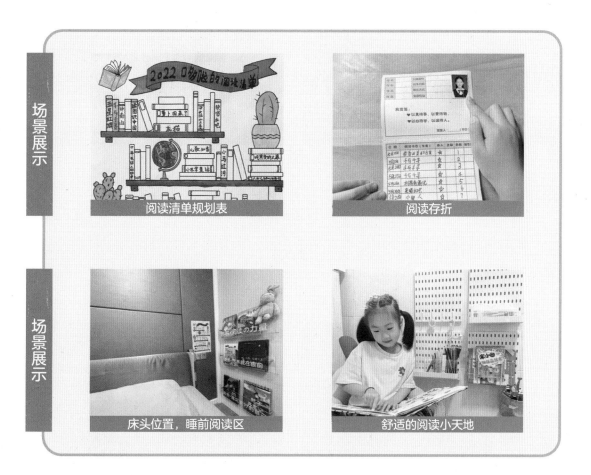

02 等待使用书籍的整理收纳

常见误区

相比正在使用的书籍，等待使用的书籍数量往往是它的几倍甚至更多。如果把这些书分散收纳到各个地方，会让我们找起来很困难。

我们用传统书立来收纳书籍时，拿走一两本后剩下的书籍会东倒西歪，如果不及时把倒掉的书籍扶起来，时间久了就变得越来越乱了。

错误场景

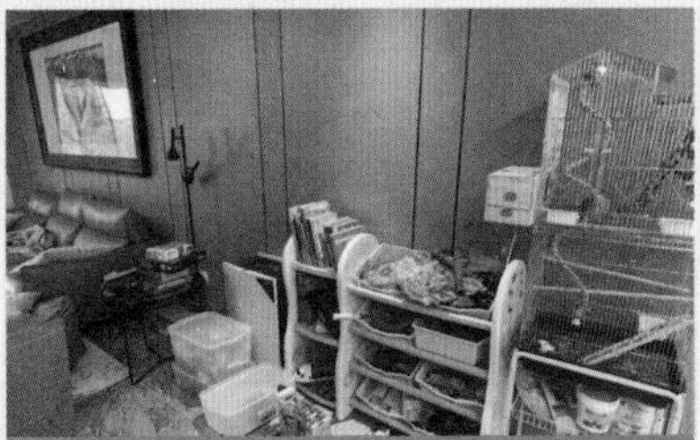
分散多处的收纳场景

拿走书后，剩下的书东倒西歪

正确方法

把等待使用的书籍全部集中在一个空间，再用亚克力竖式书立收纳，书籍统一又整齐。

正确场景

集中收纳的书柜

亚克力书立收纳

如何收纳：使用亚克力书立和收纳盒

书架上的书常常东倒西歪，我们可以用亚克力书立解决这一问题。形状不规则、体积大、重量重的书籍可以放置在书架底层，这样方便拿取。此外，套系类书籍应放在一个空间集中收纳，这样整齐又节省空间。

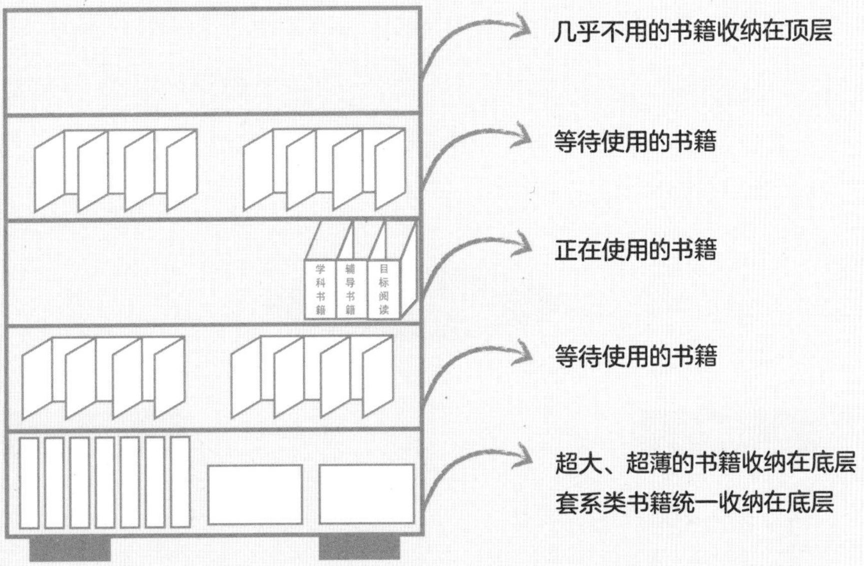

使用工具

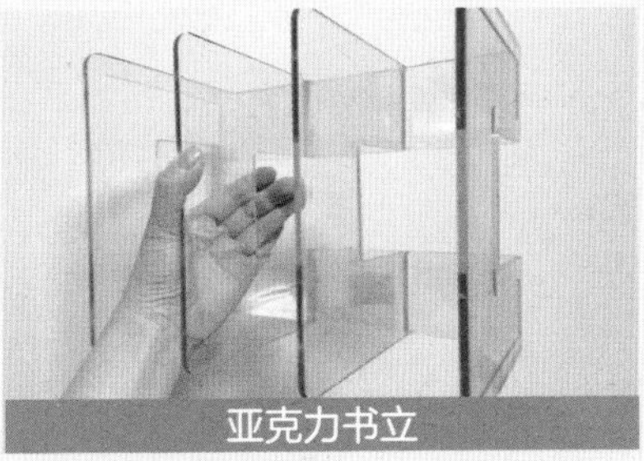
亚克力书立

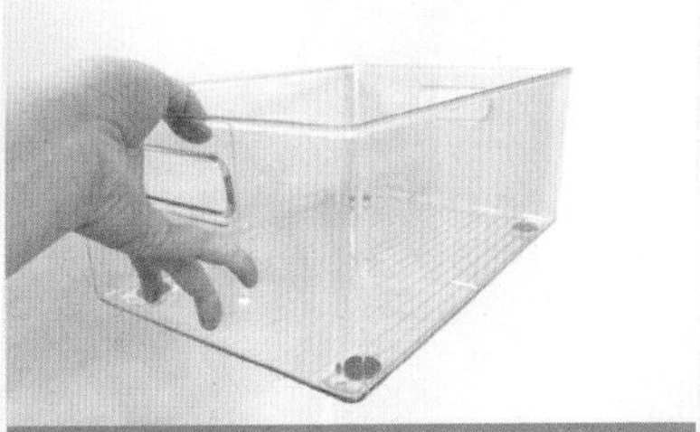
亚克力收纳盒

收纳成果

书籍不倒不乱

超薄套系书放入收纳盒

03 纸张的整理收纳

纸张的收纳难度远远大于一本书，用过的、没用过的经常散放在各处，把它们一一分类放到专属的空间，一切会变得井然有序。

纸张的分类

- 试卷
  - 正在使用 — 书包 一课一袋
  - 等待使用 — 收纳册
  - 无用试卷 — 及时断舍离
- A4 纸
  - 空白纸 — 收纳盒
  - 废纸利用 — 收纳盒
  - 无用纸 — 及时断舍离

收纳成果

试卷用收纳册收纳

A4 纸用收纳盒收纳

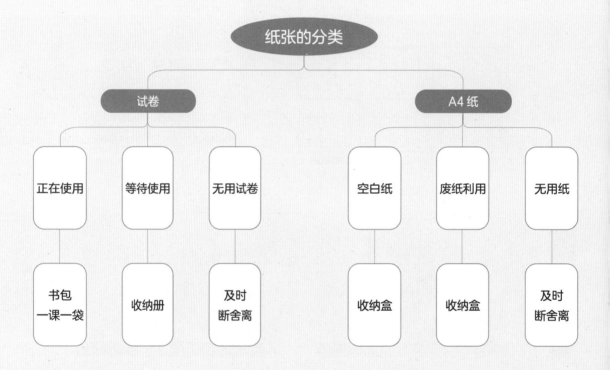

如何收纳：A4 纸、草稿纸、试卷的收纳

使用试卷册或试卷夹，将试卷统一收纳，集中放置在一起。

使用工具

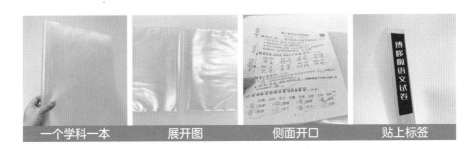

一个学科一本

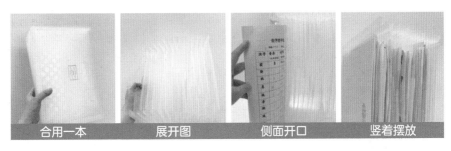

展开图

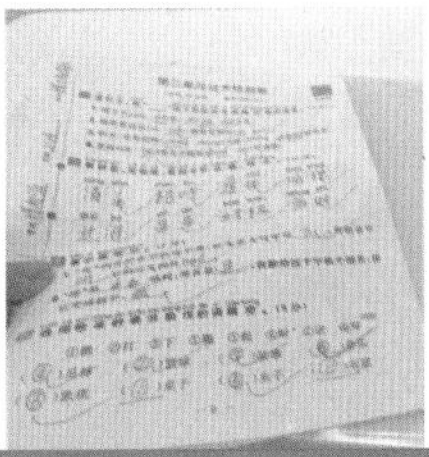
侧面开口

贴上标签

收纳成果

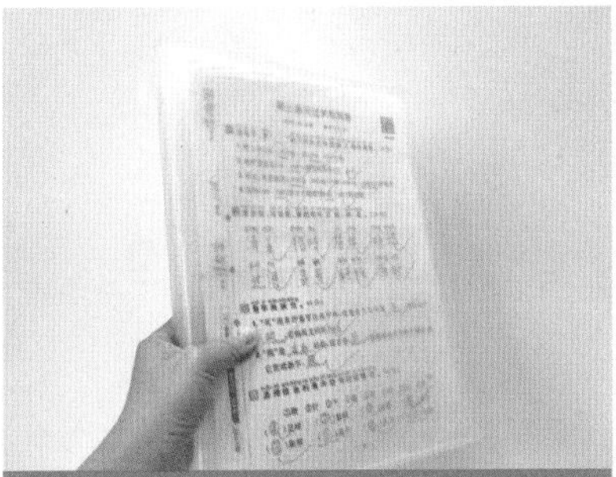
收纳成册效果图

收纳摆放效果图

使用工具

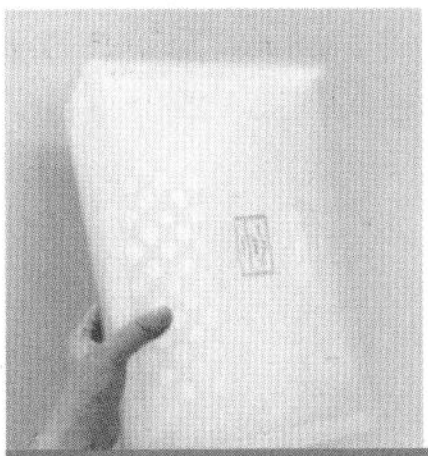
合用一本

展开图

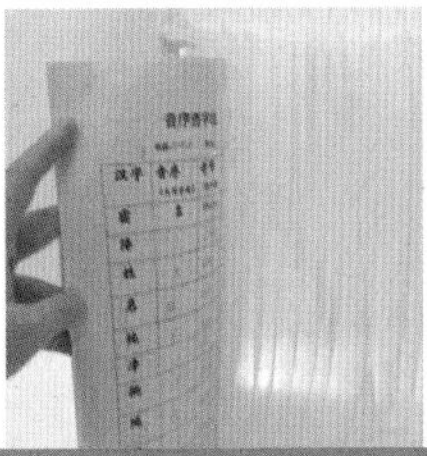
侧面开口

竖着摆放

收纳成果

收纳成册效果图

收纳摆放效果图

四、公共学习区的整理收纳

01 教室桌椅和讲台的整理收纳

教室桌椅的摆放

教室桌椅在使用的过程中会经常被移动，要保证桌椅的整齐就需要有非常明确的标准。我们可以给桌椅的摆放位置贴上“定位点”，这样就能让每一套桌椅都有确定且清晰的标准。

场景展示

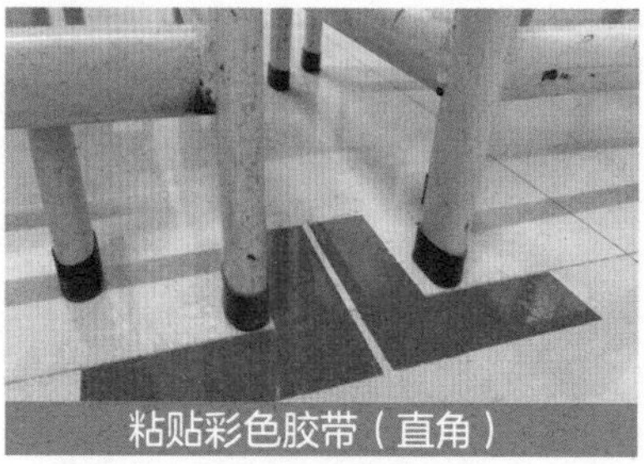

粘贴彩色胶带（直角）

横排保持平行，竖排保持垂直

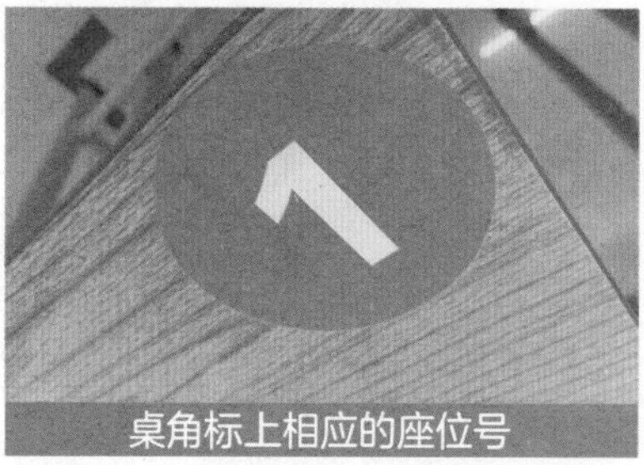

桌角标上相应的座位号

椅角标上相应的座位号

讲台的整理收纳

讲台上常放的物品有粉笔、黑板擦和收上来的作业。讲台可分为左右两侧来进行收纳。左侧用彩色胶条贴上一个小一点的“定位框”，或者使用收纳盒用于放置粉笔和黑板擦。右侧贴上一个大一点的“定位框”，用于放置老师批改后的作业、试卷、招领的失物等。一定要在旁边粘贴标识，这样同学们在整理收纳时能够一目了然。

场景展示

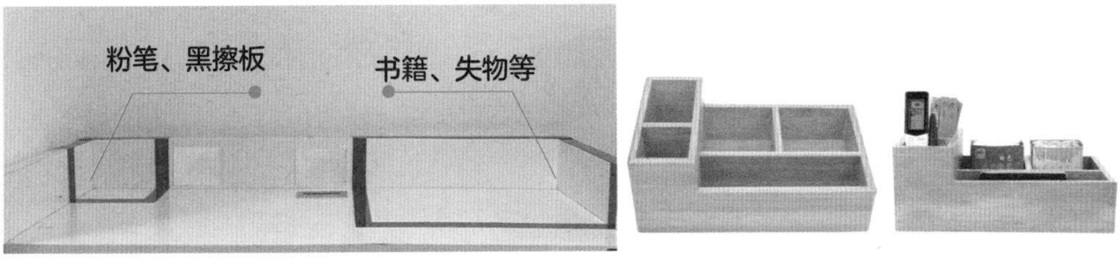

电器配件的整理收纳

随着教室电器的增多和多媒体教学的普及，讲台上相关的物品也在逐步增加，例如：U 盘、翻页笔、数据线、遥控器等。这些物品的体积较小，容易丢失或弄混，不建议直接放在讲台桌面收纳，建议在讲台侧面设置一个悬挂式收纳盒。

场景展示

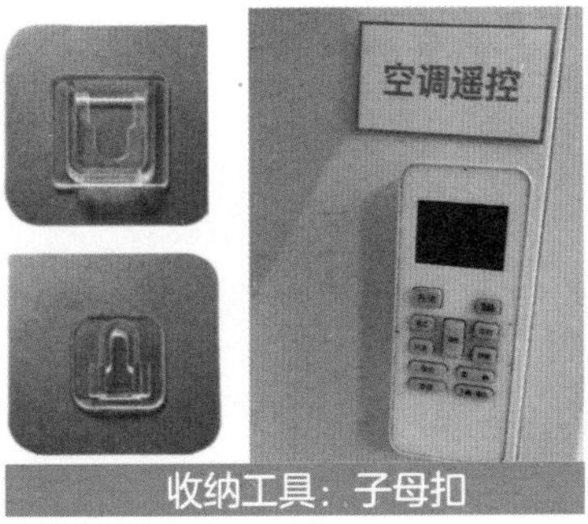

收纳工具：子母扣

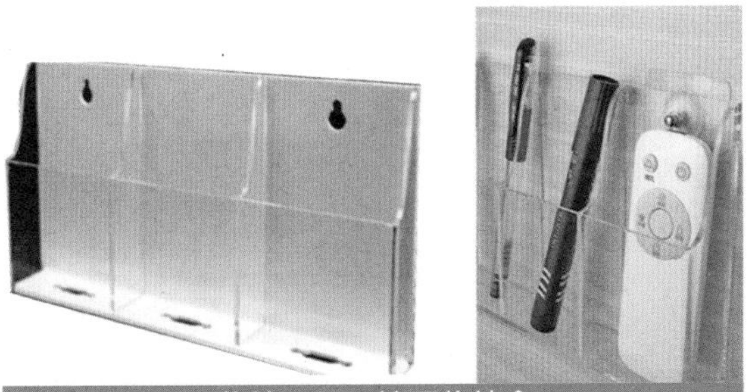
收纳工具：墙面收纳盒

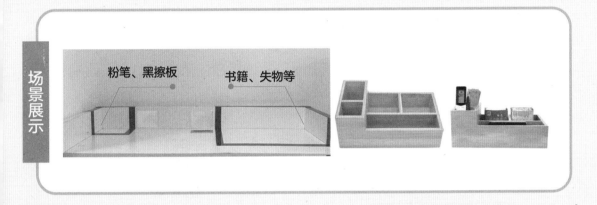

02 个人课桌的整理收纳

课桌的收纳根据空间可以分为三个部分：

① 课桌桌面；② 课桌抽屉；③ 课桌侧面。

在上课或者做作业的时候，课桌桌面只放置正在使用的书本、作业和文具盒。课桌抽屉里放置等待使用的其他书籍，以一课一袋的方式整理放好。

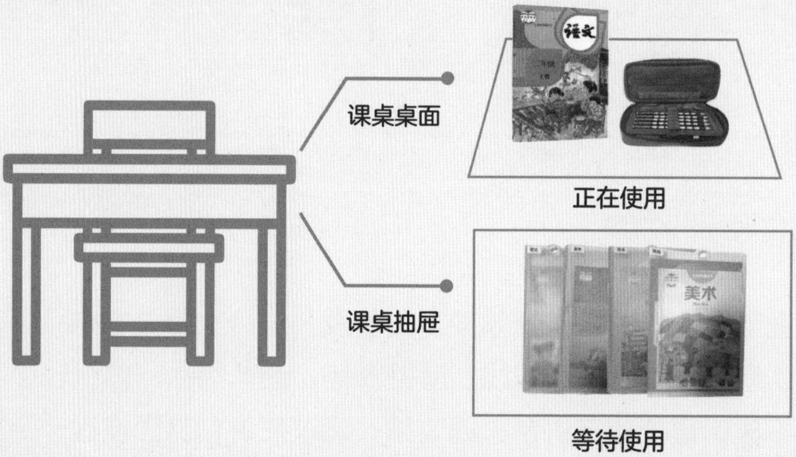

课桌侧面可以悬挂书包，如有没有悬挂区，也可以将书包悬挂在椅子背后，或者直接放置在地上。

水杯、跳绳、学具等物品要在使用时再从书包里面拿出来，使用完后立即放到书包里，记住不要放在课桌抽屉里哦！因为课桌抽屉的空间比较狭窄，放置这些物品不仅显得很乱，也很容易弄丢。

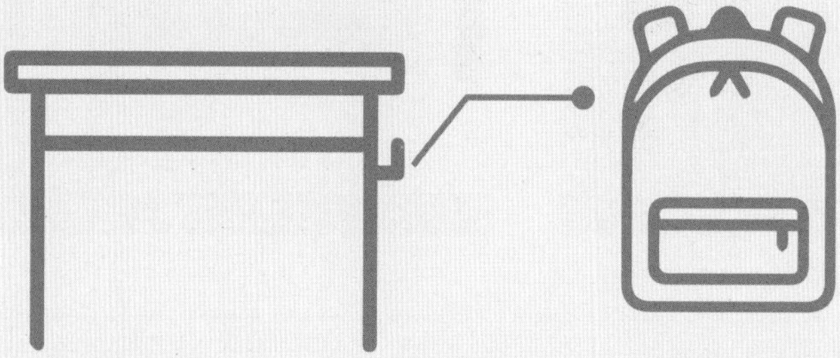

第二章

生活区的整理收纳

一、儿童服饰的分类

我的服饰我做主！我的衣柜我做主！

生活中，我们都想这样宣示主权。

可是，我们应该怎样对自己的服饰和衣柜做主呢？

除了使用以外，还应该学着维护和整理，让我们的衣柜和服饰保持整洁有序，这样才能方便使用。

说一说 你更喜欢哪一种场景呢？

分一分 通常可以把儿童服饰的收纳分为两个类别。

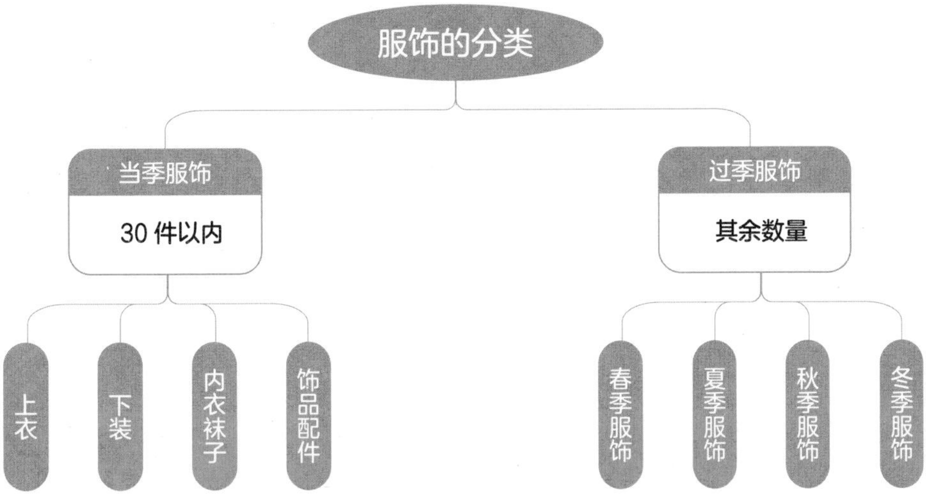

连一连 同学们，你所在的城市现在是______________季节，请把下面的图案按照当季、过季分类连起来。

当季服饰

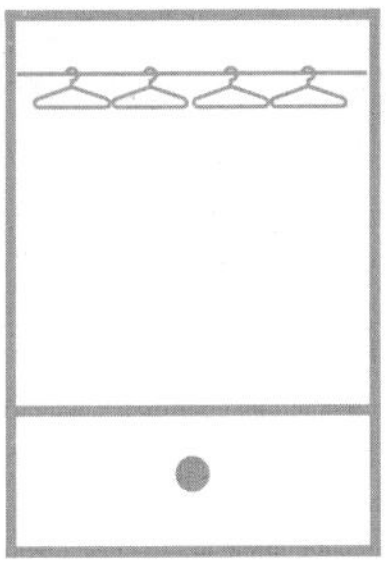

过季服饰

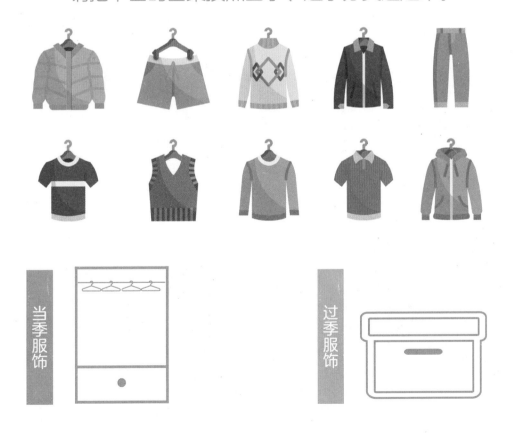

二、当季服饰的整理收纳

常见误区

每天都在整理，但还是很乱？同学们，千万别小看一个小小的衣柜，这可是在整理收纳中最容易掉入“陷阱”的地方了。今天，让我们一起来打造一个高效不杂乱的衣柜。

错误场景

数量过多，管理不了

服饰不分当季过季，混在一起

错误场景

经常叠衣服，坚持不了

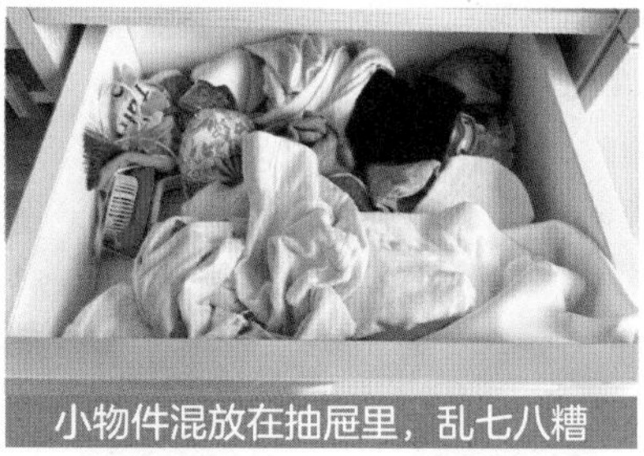

小物件混放在抽屉里，乱七八糟

错误场景

悬挂区过高，根本拿不到

让父母帮忙，失去主动权

01 当季服饰的收纳原则

当季服饰，就是在这个季节我们会穿到的服饰，整理收纳这部分服饰会占用你每天的时间和精力。所以，我们的目标不仅仅是打造一个整齐的衣柜，还需要拿取方便。

场景展示

衣服悬挂，拿取方便

高度合适，拿取方便

当季过季服饰分开，查找方便

小物品一物一格，查找方便

合理的数量，管理方便

自己管理，养成好习惯

当季服饰收纳原则①：一叠九挂

一叠九挂：服饰数量的10%折叠，90%悬挂。

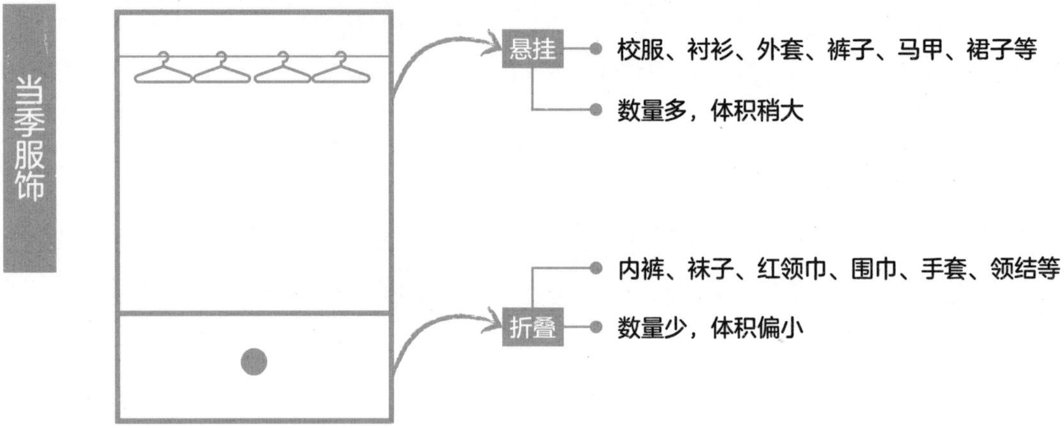

当季服饰收纳原则②：定量管理

定量管理：根据基本需求来限定当季服饰的数量，合理的数量让我们更方便地管理和使用。

当季服饰的基本需求清单

服饰类				小物类			
校服套装	2~3套	羽绒服	3件	内裤	5条	红领巾	3条
秋衣、秋裤	2~3套	外套	3件	袜子	5双	手套围巾	2套
长袖、长裤	3~5套	毛衣	3件	内衣	3件	帽子	少于3个
短袖、短裤、短裙	3~5套	马甲	2件	汗巾	3条	发饰	少于5个
当季服饰的总量不超过30件							

数一数

同学们，你现在的当季服饰一共有________件呢？

袜子有________双，内裤有________条？

请思考一下，你的当季服饰数量是哪种情况？ □ 多 □ 少 □ 合适

02 当季服饰的收纳实操

如何收纳：悬挂

把当季大部分的服饰悬挂在衣柜里，可以更一目了然，方便快速找到衣服，还可以减少折叠衣服的时间，大大提高生活效率。

使用工具

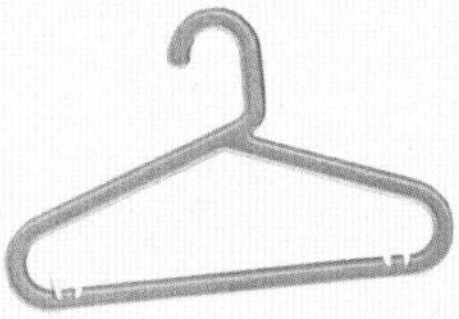

收纳步骤

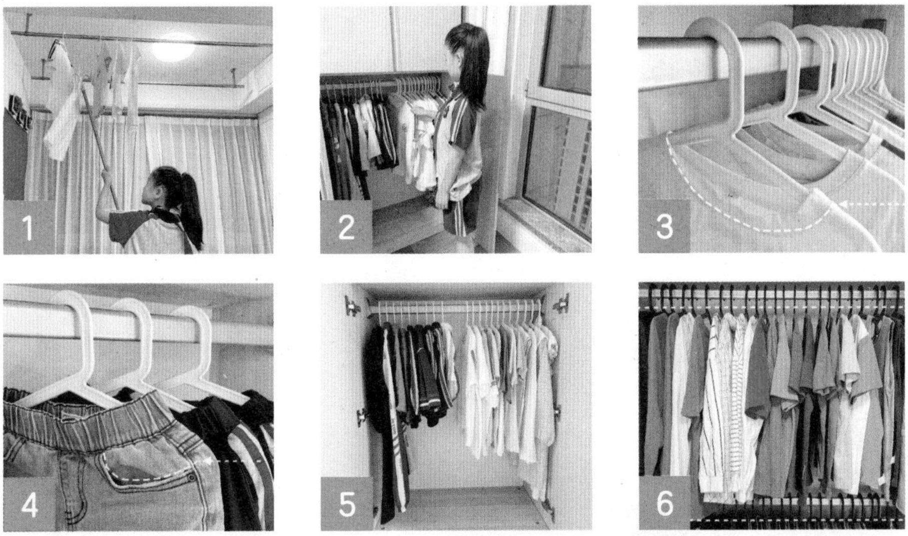

1. 取下衣服
2. 悬挂在衣柜里
3. 衣服领口朝左边
4. 裤子前部朝左边
5. 左挂裤，右挂衣
6. 上挂衣，下挂裤

如何收纳：口袋式折叠

每天要用的内衣、内裤、袜子、红领巾等小物品用口袋式折叠方法，保持物品的整体性。折叠好的物品放入一物一格的收纳工具中，保证收纳的便利性，同时也做好了数量的管理。

使用工具。

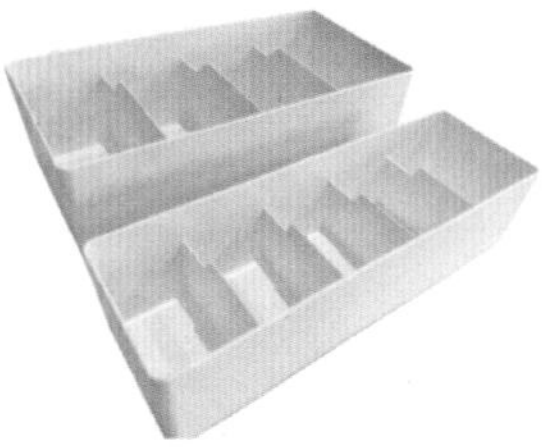

四格 / 五格分格盒

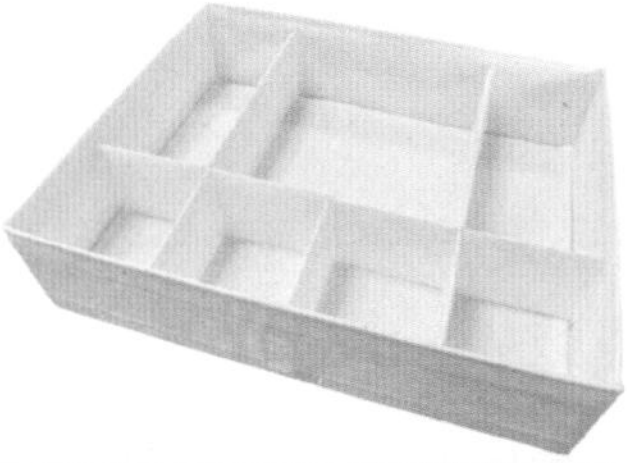

一体式分格盒

收纳成果

放入抽屉　　放入衣柜底部

口袋式折叠步骤演示

袜子折叠

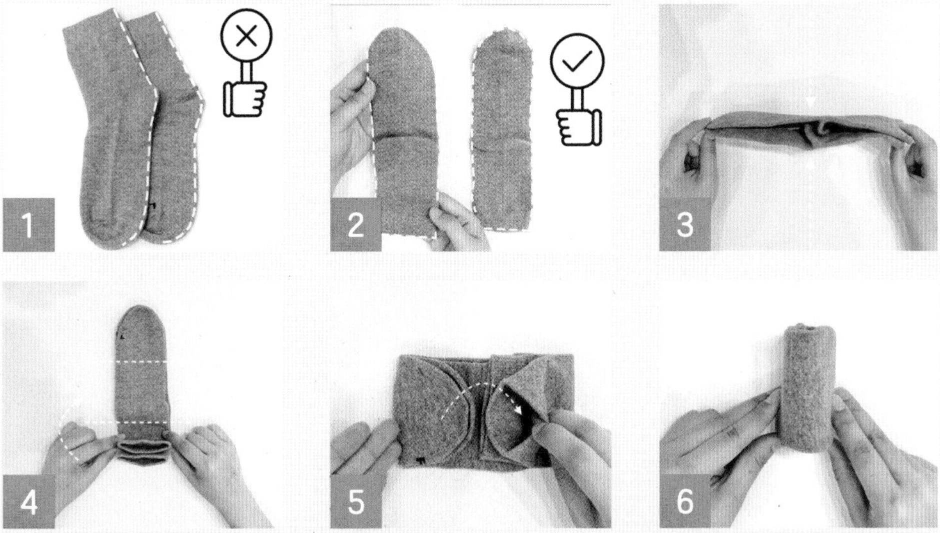

1. 拿出袜子
2. 底面平铺
3. 重叠在一起
4. 袜口 1/3 向内折叠创造一个口袋
5. 袜头 1/3 向内折叠塞入口袋中
6. 立起来放入收纳盒当中

内裤折叠

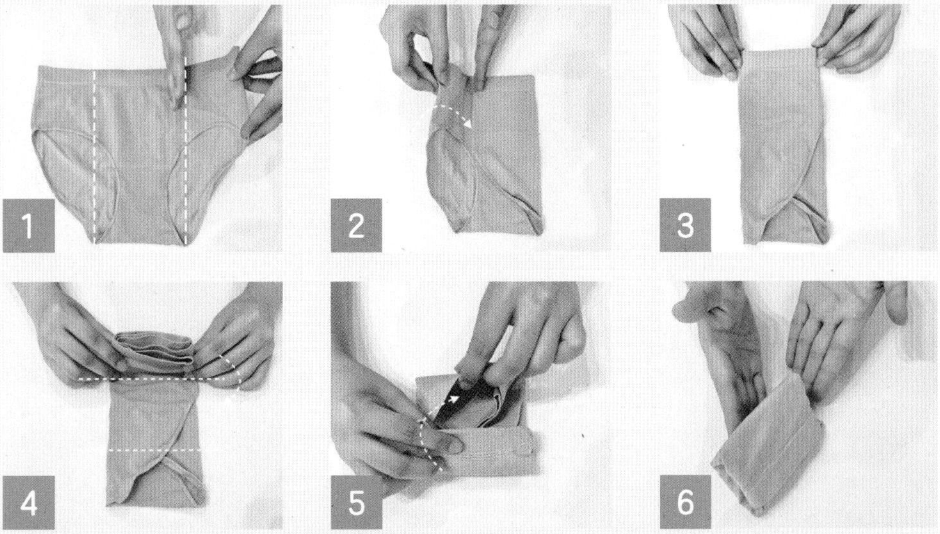

1. 按虚线向内折叠
2. 另一侧向内折叠
3. 重叠在一起
4. 裤口 1/3 向内折叠创造一个口袋
5. 底部 1/3 向内折叠塞入口袋中
6. 立起来放入收纳盒当中

口袋式折叠步骤演示

红领巾折叠

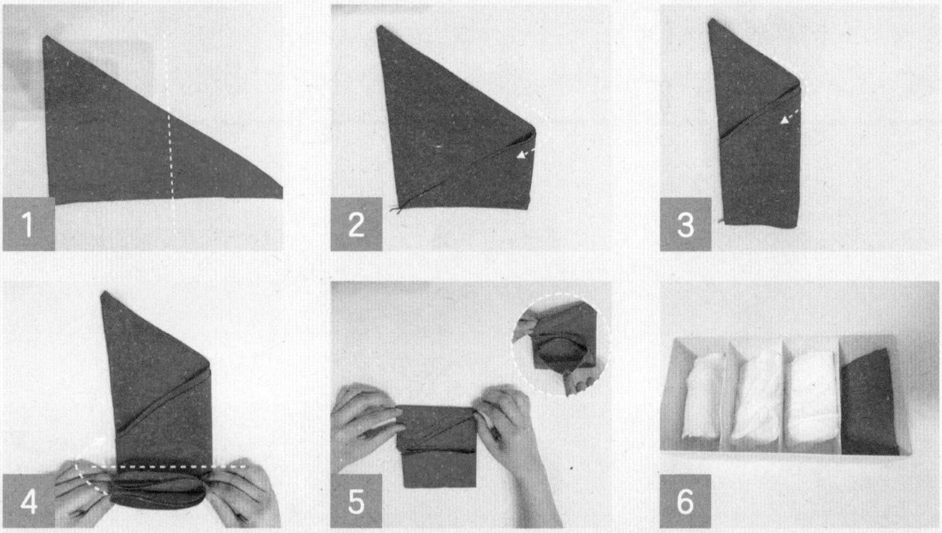

1. 对折一次
2. 对折二次
3. 对折三次
4. 开口处 1/3 向内折叠创造一个口袋
5. 尖部 1/3 向内折叠塞入口袋中
6. 立起来放入收纳盒当中

小背心折叠

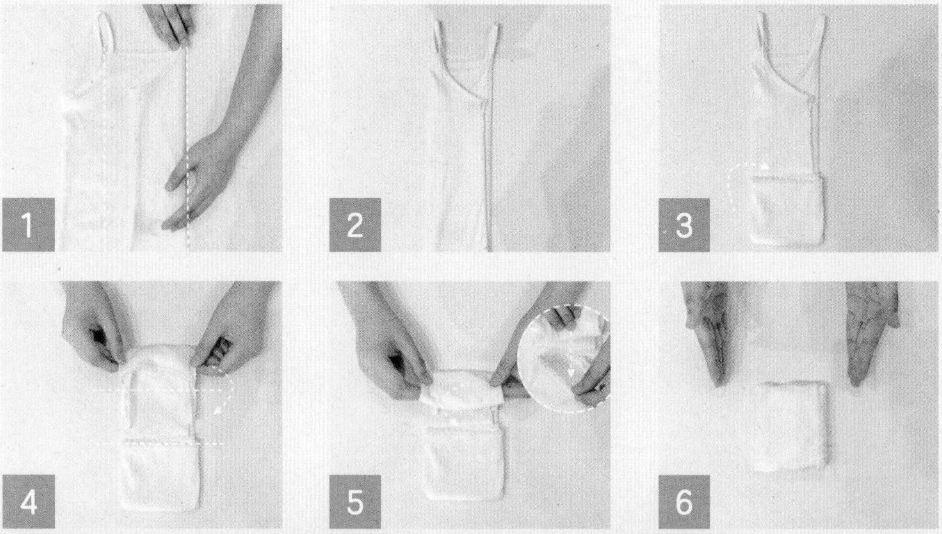

1. 两侧均向内折叠
2. 重叠在一起
3. 开口处 1/3 向内折叠创造一个口袋
4. 上面部分向内折叠 1 次或 2 次
5. 向内折叠部分塞入口袋中
6. 立起来放入收纳盒当中

三、过季服饰的整理收纳

扫一扫看视频

常见误区

一年有春夏秋冬四个季节，你的衣柜也分好季节了吗？如果我们不及时做好衣柜的过季整理，也会经常找不到衣服穿。让我们先来避避坑，看看换季整理有哪些误区？

错误场景

使用过大的收纳箱

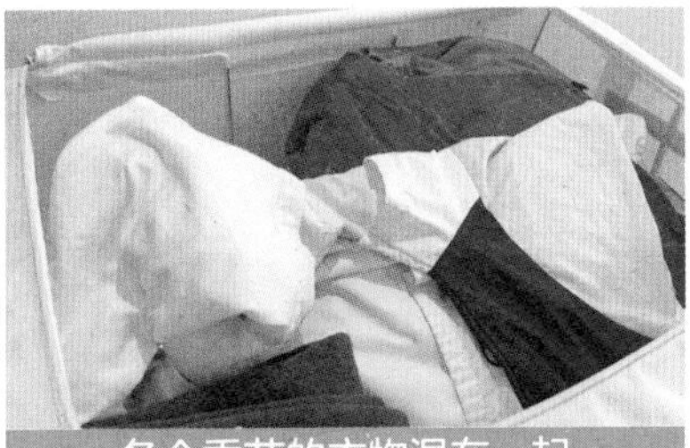
各个季节的衣物混在一起

错误场景

衣物过多，管理不了

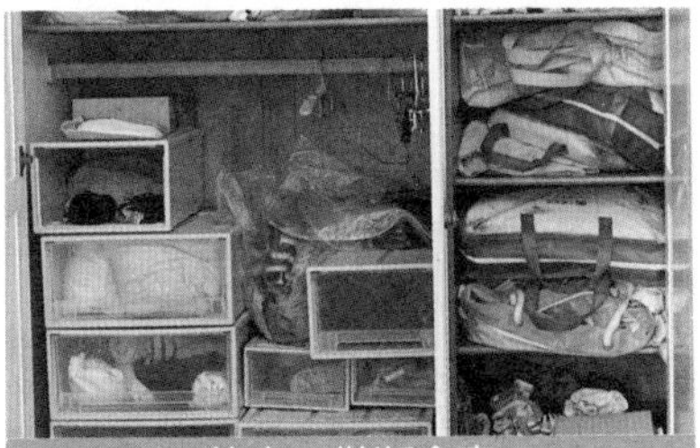
从来不做断舍离

错误场景

没有换季的意识

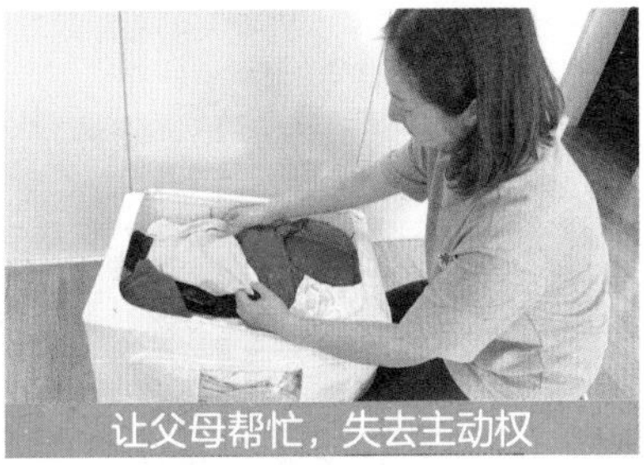
让父母帮忙，失去主动权

01 过季服饰的收纳原则

收纳前后对比图

合理安排好当季和过季的衣服，不仅能让我们的衣柜变得简洁明亮，还能提高我们的生活效率和使用的便利性。

场景展示

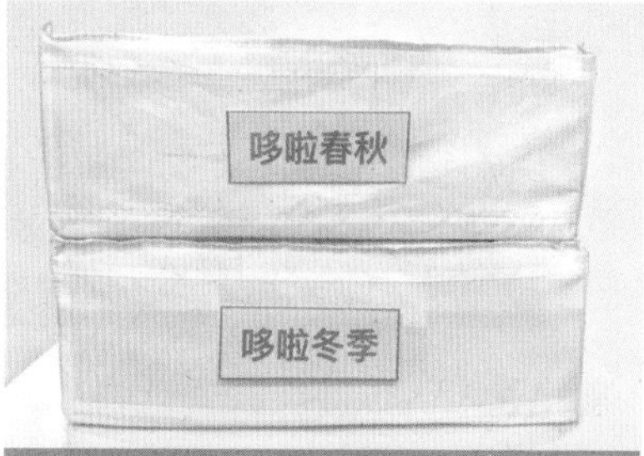

按季节分类

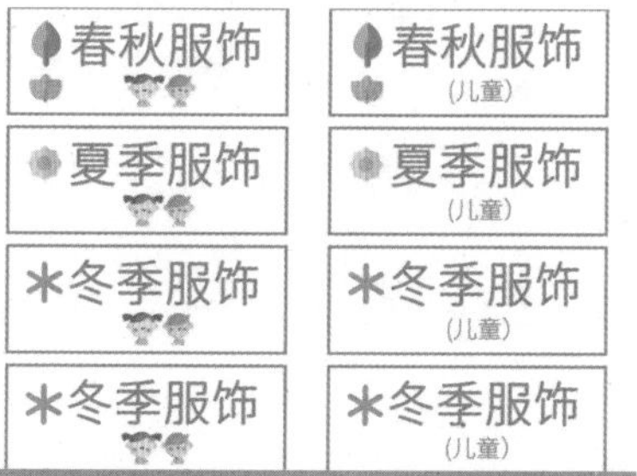

贴上标签

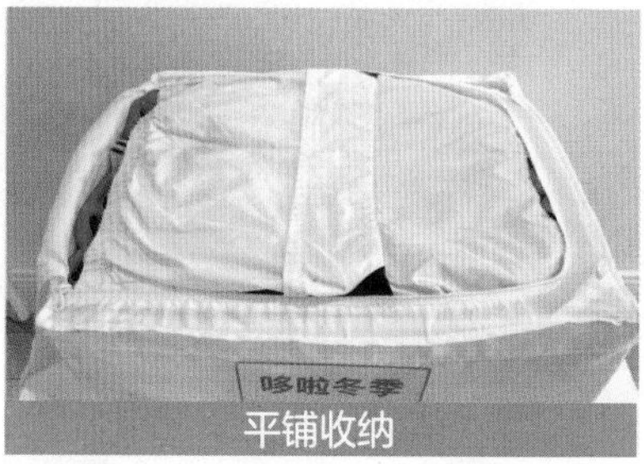

平铺收纳

口袋式收纳

收纳在顶部

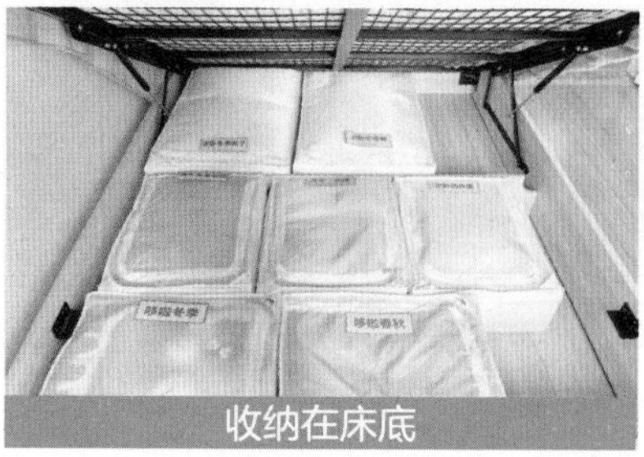
收纳在床底

过季服饰

过季服饰收纳原则①：100% 收纳

百分百收纳：眼不见心不烦，过季全部收起来。

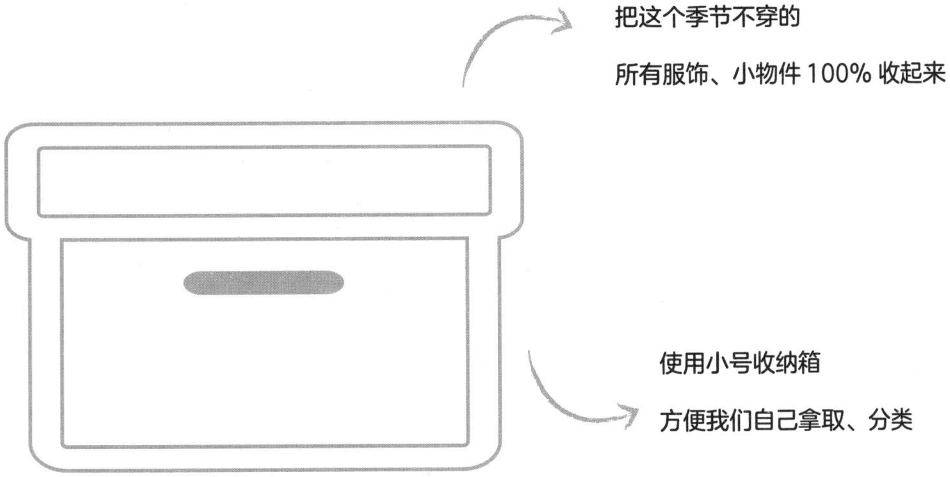
把这个季节不穿的
所有服饰、小物件 100% 收起来
使用小号收纳箱
方便我们自己拿取、分类

过季服饰收纳原则②：按季节分类

按季节分类：春夏秋冬。春夏秋各准备 1 个收纳箱，冬天服饰体积较大，可以准备 2~3 个。如果你所在的城市春秋季节穿的衣服类似，也可以把春秋季节合并在一起收纳。

春秋季服饰
夏季服饰
冬季服饰①
冬季服饰②

分一分

把过季服饰放入收纳箱之前，一定要先思考，这些服饰应该怎么处理呢？

（1）尺寸小了不合适　　（2）很多洗不干净的污渍

（3）穿着特别不舒服　　（4）穿过一次但很不喜欢

可以选择：送人、捐赠、断舍离等方式处理。

02 过季服饰的收纳实操

收纳前后对比图

合理安排好当季和过季的衣服，不仅能让我们的衣柜变得简洁明亮，还能提高我们的生活效率和使用的便利性。

场景展示

整理前

整理后

整理前

整理后

如何收纳：平铺

平铺，是最普通也是最简单的收纳方法，即便是 3 岁的小朋友也能够在家长的引导下独立完成。

使用工具

收纳步骤

衣服平铺

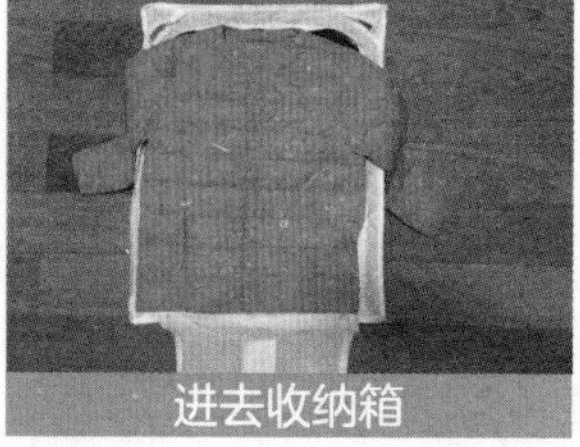

进去收纳箱

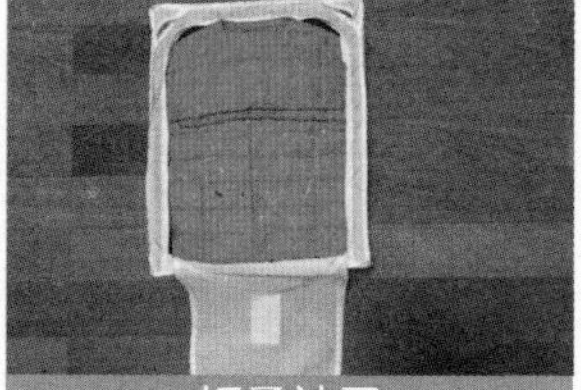

折叠袖子

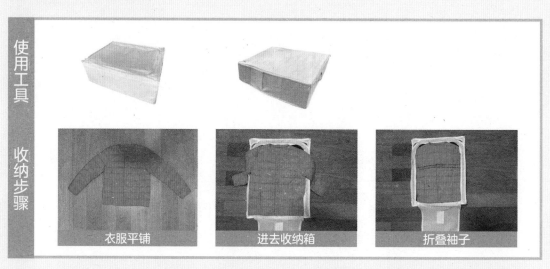

如何收纳：折叠

上衣折叠

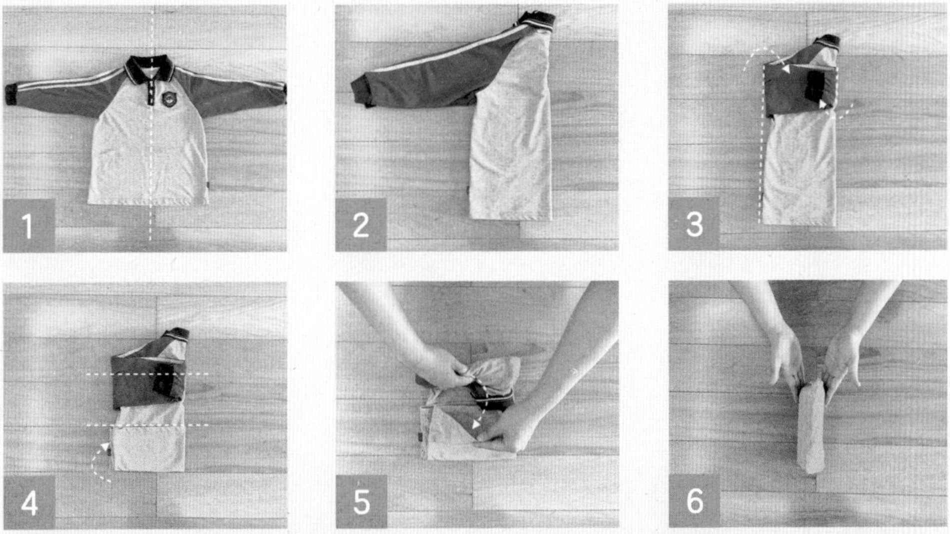

1. 平铺
2. 按上图虚线对折
3. 沿虚线把 2 处袖子折入
4. 衣摆 1/4 向内折叠创造一个口袋
5. 衣领 1/4 向内折叠 2 次塞入口袋中
6. 立起来放入收纳箱当中

裤子折叠

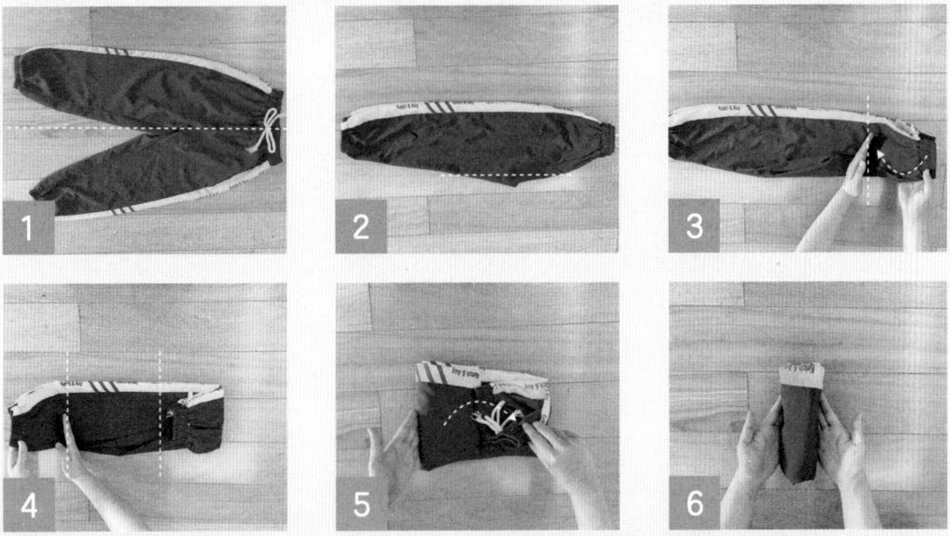

1. 平铺，在虚线处对折线处折叠
2. 对折后，再在虚线处折叠
3. 按需虚线处折叠后的样子
4. 裤头 1/4 向内折叠创造一个口袋
5. 裤脚 1/4 向内折叠 2 次塞入口袋中
6. 立起来放入收纳箱当中

长裙折叠

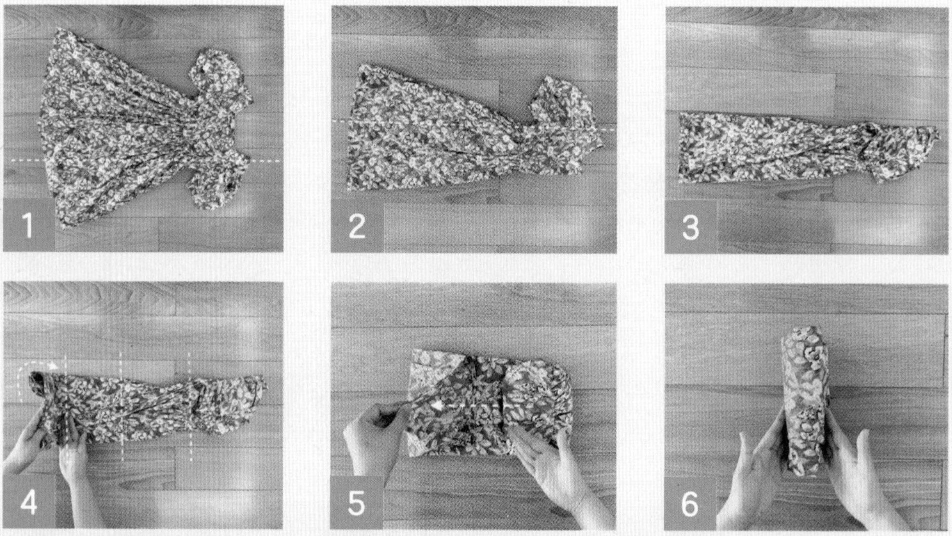

1. 平铺
2. 按上图虚线折入
3. 折后如图
4. 裙摆 1/4 向内折叠创造一个口袋
5. 衣领 1/4 向内折叠 2 次塞入口袋中
6. 立起来放入收纳箱当中

成长日记：和妈妈一起整理过季衣物

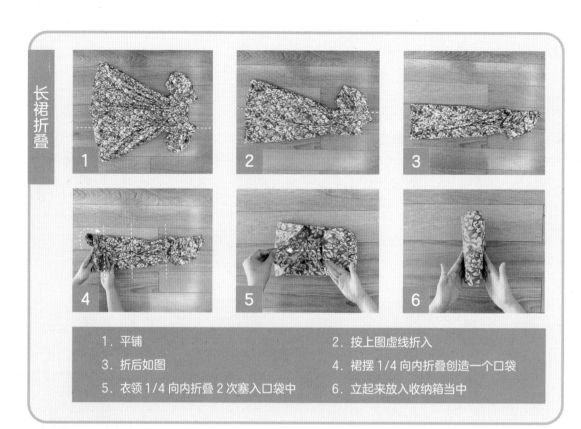

第三章

玩乐区的整理收纳

一、关于儿童玩具的思考

我们都有许多玩具，玩偶、拼图、积木、汽车……这些玩具分散在家中，既影响美观，又容易丢失或损坏。

我们都很喜欢自己的玩具朋友们，但怎么妥善地安置它们，这常常会成为一个难题。这么多玩具，我们该从哪里下手呢？

说一说 你更喜欢哪一种场景呢？

01 拥有合理数量的玩具

过多的玩具会增加我们整理和收纳的负担，同时还会让我们的大脑失去判断力：我该玩哪个？我应该把这个玩具放到哪里？为了避免产生这样的烦恼，我们应该保持拥有合理数量的玩具。

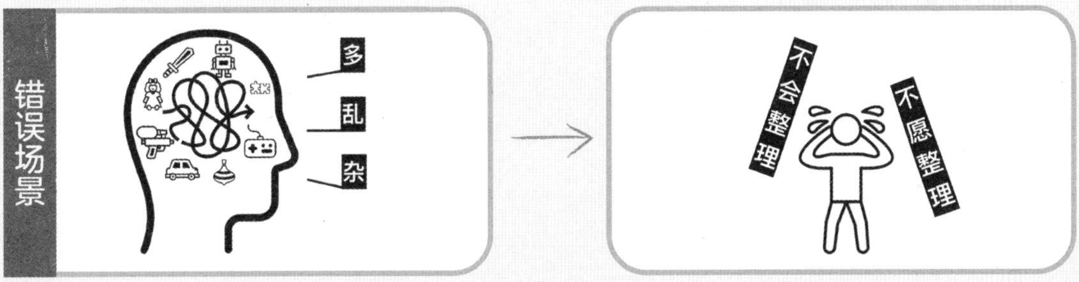

02 一次只玩一种玩具

玩具多选择也多，这会分散我们的注意力，使我们对很多玩具都是三分钟热度。一次只玩一种玩具，不仅能让我们的大脑更专注，还有利于我们养成整理收纳的好习惯。

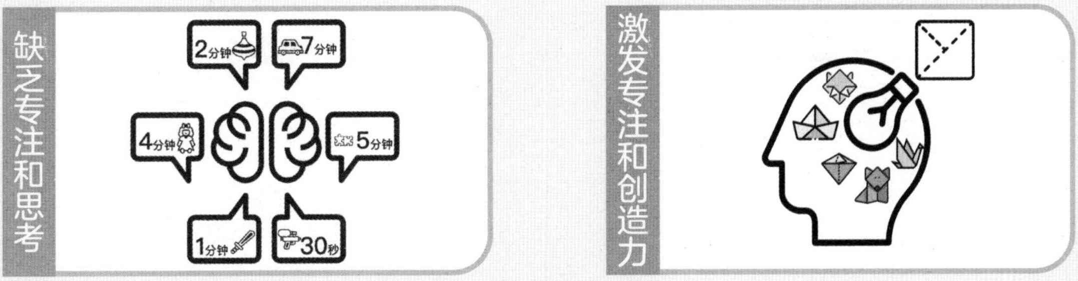

二、玩具收纳的原则和步骤

01 玩具的收纳原则：一露九藏

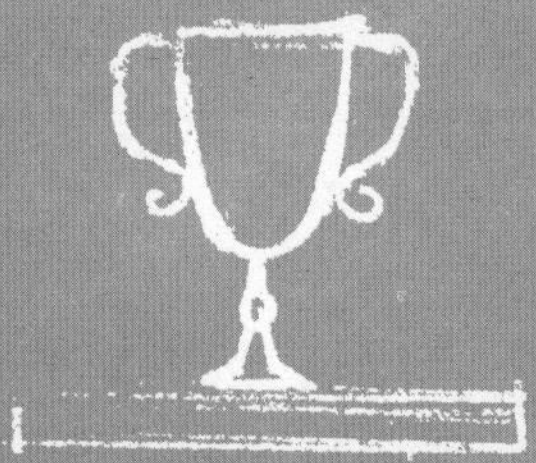

你知道什么是“一露九藏”吗?

“一露”指的是——少量玩具使用展示型收纳或摆在最方便拿取的地方；

“九藏”指的是——其余多数玩具采用隐藏式收纳。

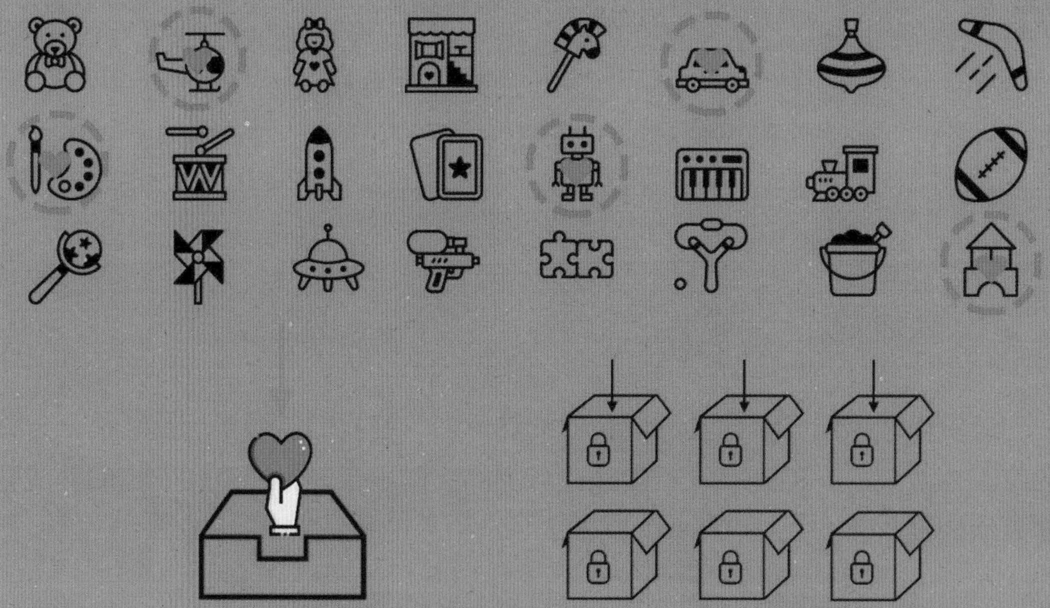

一露（少量）　　九藏（多数）

当然，“九藏区”的玩具并不是一直被藏起来，而是约定一个时间段，例如一个月一次，将玩具轮换着玩。

02 玩具的收纳步骤

第一步：清空

把所有的玩具从各个角落找出来吧，平铺在地板上。

第二步：选择

按照保留、送人、扔掉三个选项，选择每个玩具属于哪一类别。

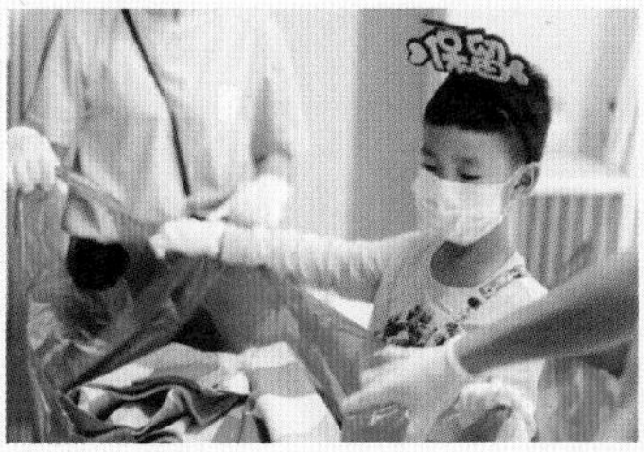

第三步：判断

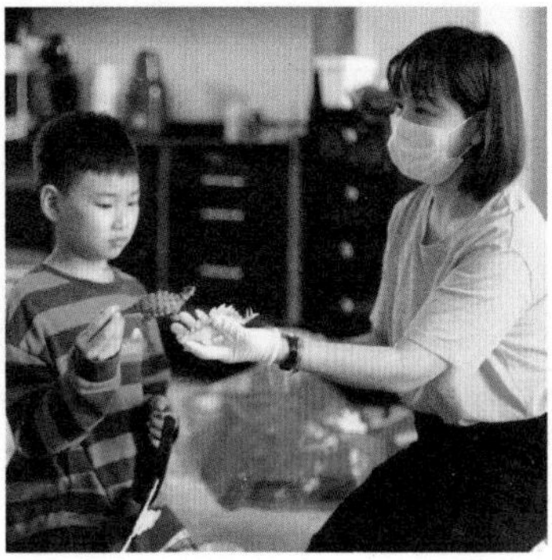

在保留的玩具中，按照“一露九藏”的收纳原则，判断哪一些是现阶段要玩的玩具（少量），哪一些是需要暂时隐藏的玩具（多数）。

第四步：收纳

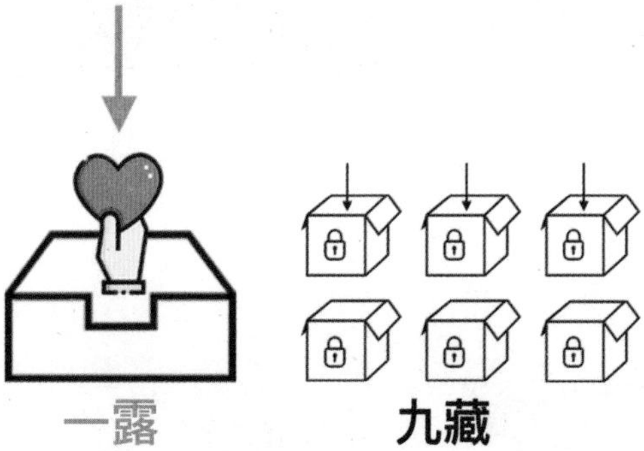

为已经做好判断的玩具找到合适的收纳空间，常用的三种空间分别是：玩具柜收纳、柜子收纳、铁架收纳。

如何收纳：玩具柜收纳法

我们把常用的玩具放入抽屉式组合收纳柜中，放在方便使用的空间；把不常用的玩具统一装入带盖收纳箱内，放到其他的空间。

收纳工具：抽屉式组合收纳柜、带盖收纳箱。

收纳工具

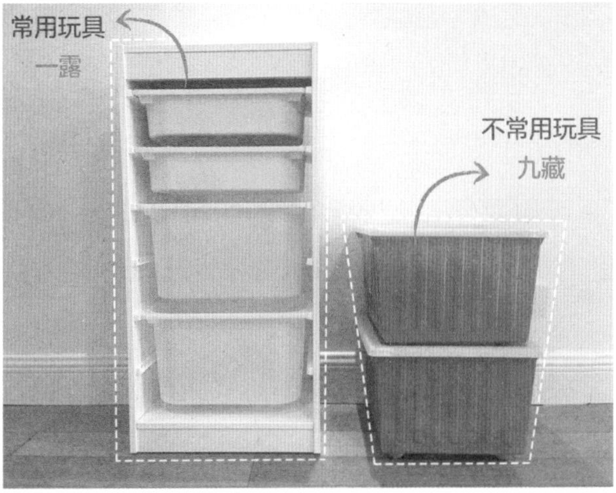

收纳成果

如何收纳：柜子收纳法

如果家里有现成的收纳柜，直接利用是最方便的，配上合适大小的滑轮收纳箱，玩具收纳会变得非常轻松。

收纳工具：柜子，大、中、小滑轮收纳箱。

收纳工具

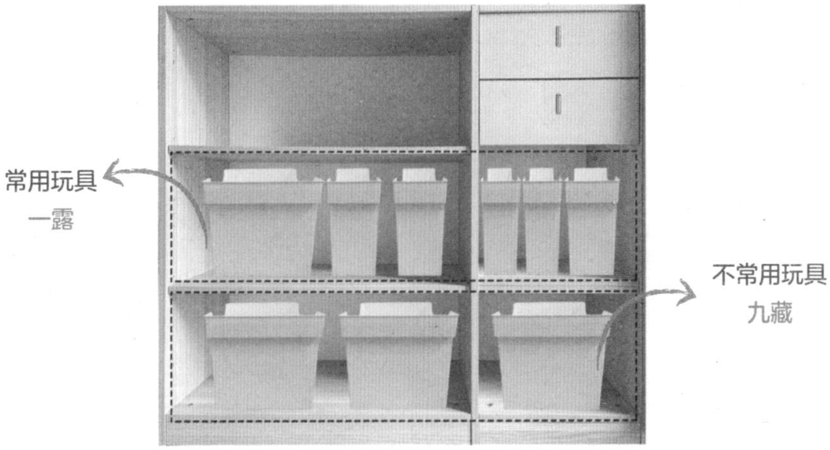

收纳成果

如何收纳：铁架收纳法

如果家里的柜体空间有限，可以采用铁架收纳，例如可以安装在阳台区。“一露区”采用不带盖的收纳篮，按照玩具类别分类收纳；“九藏区”采用带盖的收纳箱，集中收纳。

收纳工具：铁架、收纳篮、收纳箱。

收纳工具

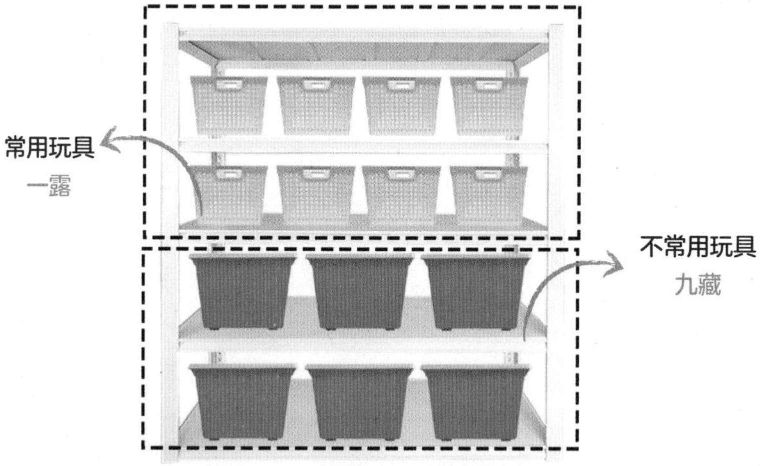

收纳成果

三、玩具的创意收纳

面对自己喜欢的玩具，除了把它们整理好，还可以运用创意收纳，让玩具得到更完美的展示和保管。

场景展示

小汽车创意收纳 1

小汽车创意收纳 2

场景展示

手办创意收纳 1

手办创意收纳 2

场景展示

立式创意收纳

悬挂创意收纳

如何收纳：手办玩偶展示架

越来越多的同学喜欢收集手办玩偶，让我们一起来打造一个手办玩偶展示架，让心爱的玩具都有一个属于自己的家。

收纳工具：木质展示架、剪刀、纳米胶。

收纳步骤

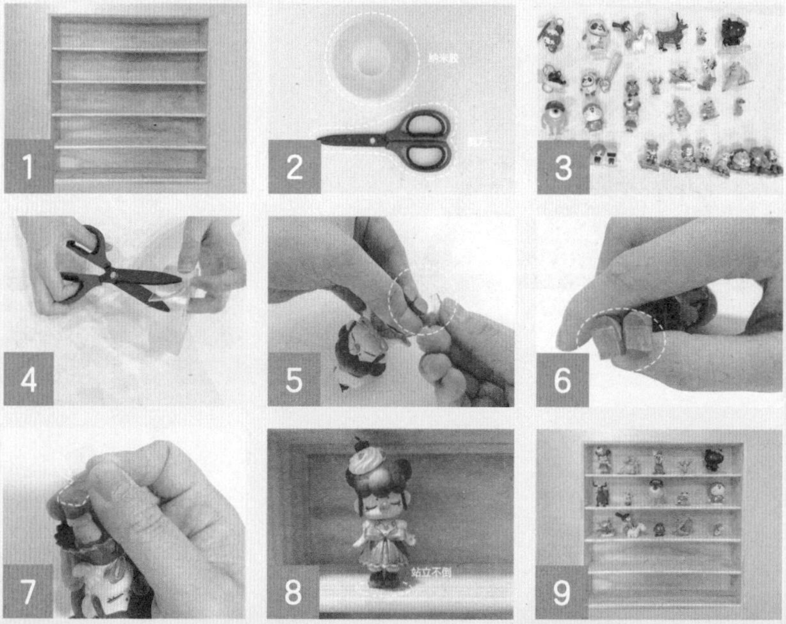

1. 准备展示架
2. 准备工具
3. 准备手办玩偶
4. 剪下纳米胶
5. 粘贴在玩偶底部
6. 按底部大小修剪
7. 撕掉塑料膜
8. 粘贴在展示架上
9. 重复以上步骤安置其他玩偶

收纳成果

如何收纳：玩具车停车场

收纳步骤

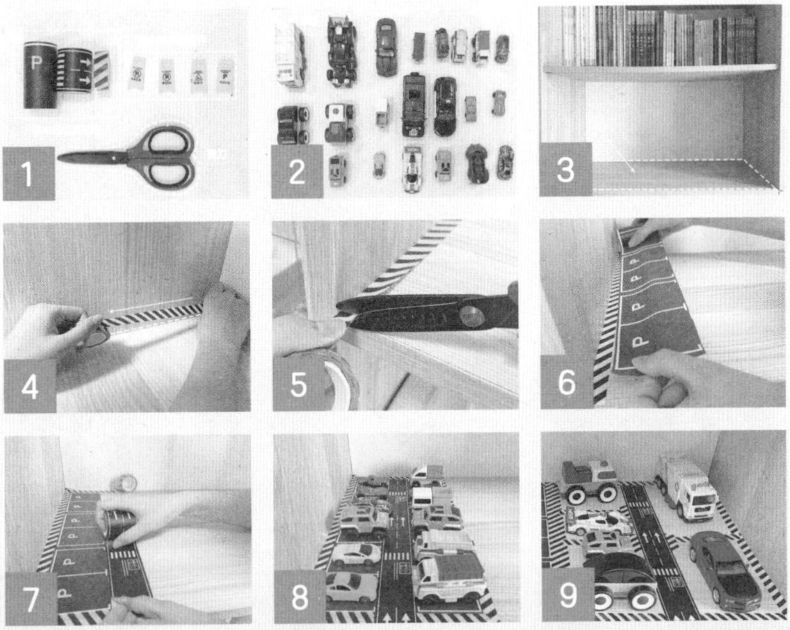

1. 准备工具（贴纸、剪刀）
2. 准备好玩具车
3. 找好停车场位置
4. 沿边缘粘贴贴纸
5. 剪掉多余贴纸
6. 贴上停车位贴纸
7. 贴上道路贴纸
8. 按停车位放上车
9. 大车选大号贴纸

收纳成果

如何收纳：拼图的创意收纳

收纳步骤

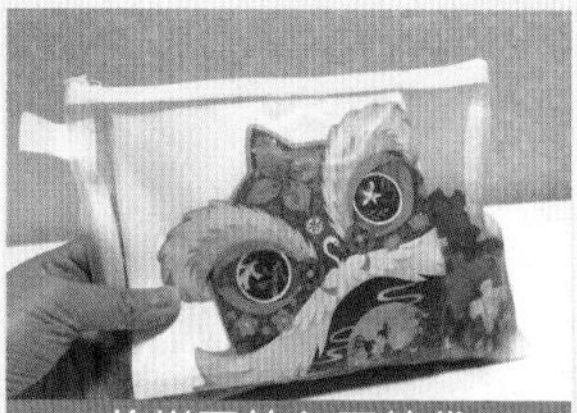
将拼图放入网纱袋

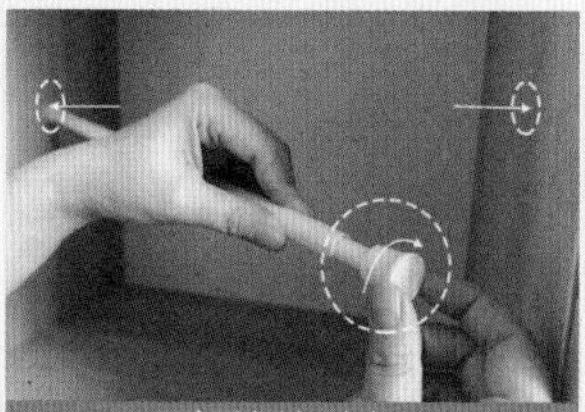
安装伸缩杆

用万向夹夹好挂上

收纳步骤

将拼图放入 A5 收纳盒

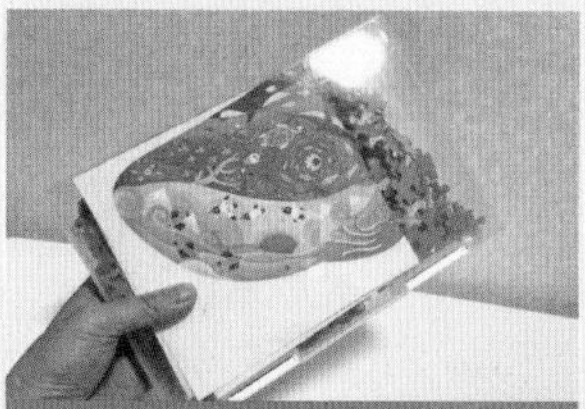
盖上盖子

竖放至收纳空间

收纳步骤

将拼图放入网纱袋

一类一袋收纳（如上图）

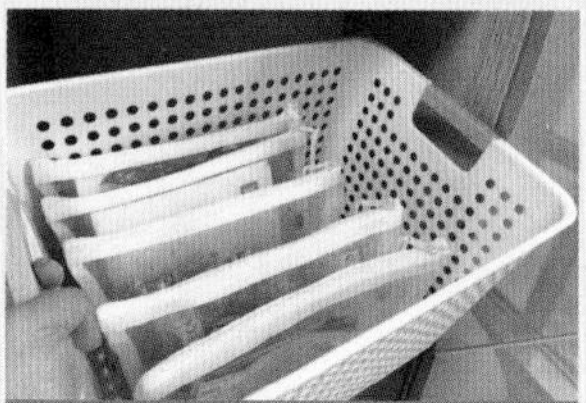
竖放至收纳篮

微习惯养成记

玩具整理小达人记忆力测试		你做到了吗，给自己打几颗星？
①玩具收纳	（　）露（　）藏	☆☆☆☆☆
②玩具数量	不能太（　）	☆☆☆☆☆
③如何玩玩具	一次只玩（　）个	☆☆☆☆☆
④玩玩具之后	放回（　）处	☆☆☆☆☆

收纳小达人精彩花絮：

第四章

兴趣班物品、体育用品的整理收纳

一、兴趣班物品的整理收纳

舞蹈、围棋、绘画、书法、声乐、篮球、足球等，都是常见的兴趣爱好，我们也会参加很多相应的课外兴趣班，每次上课都需要提前准备好相应的物品。

说一说 你更喜欢哪一种场景呢？

选一选 同学们都参加了哪些兴趣班呢？在“□”内打“√”

□

□

□

□

□

□

写一写 平时你上兴趣班课程都需要准备哪些物品呢？

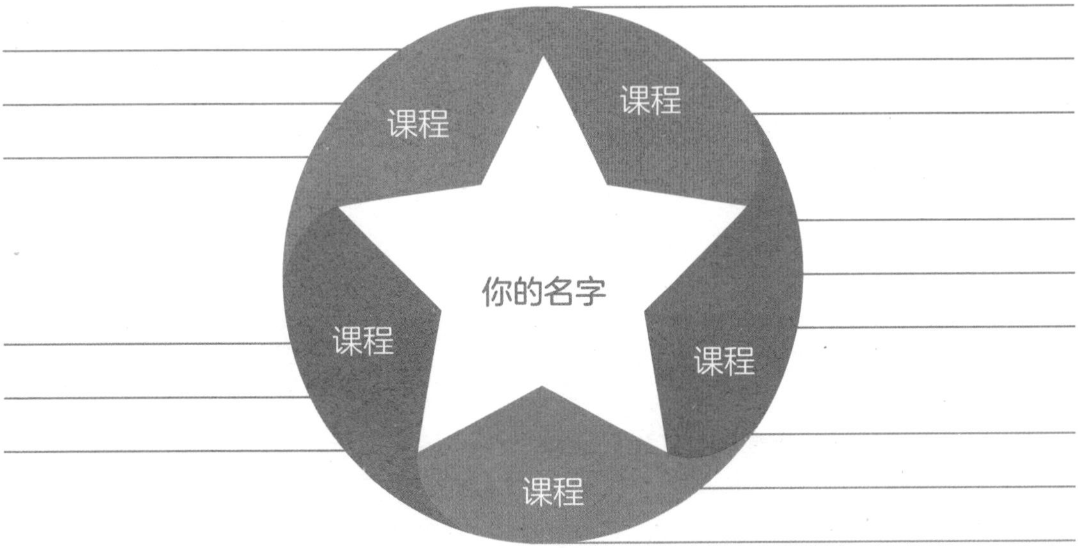

01 兴趣班物品的居家收纳

常见误区

随着丰富多彩的兴趣课程越来越多，同学们需要管理的物品也随之增加。体育、美术、舞蹈、围棋等，每一类物品的大小、多少、形状都不一样，这些物品的收纳成了令人头疼的问题。

错误场景

分散在不同空间

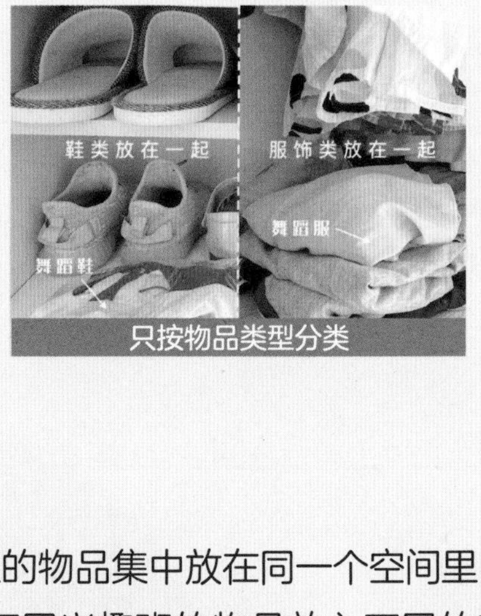

只按物品类型分类

正确方法

1．列出兴趣班课表，然后把各个兴趣班的物品集中放在同一个空间里。

2．根据兴趣班的分类准备收纳工具，不同兴趣班的物品放入不同的收纳工具中，方便我们在上课时一次性找到所有物品。

收纳成果

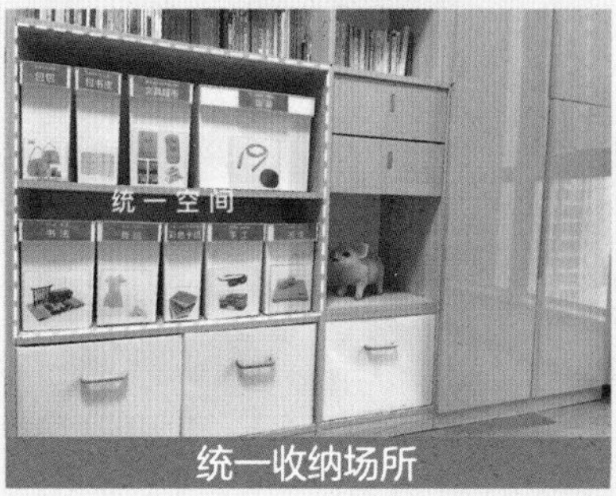

统一收纳场所

按兴趣班分类

如何收纳：滑轮箱收纳法

根据兴趣班的数量准备滑轮箱，例如：美术、舞蹈、围棋、跆拳道、书法等，在每个滑轮箱上贴上标签，然后统一放置在柜体里。建议根据自己的身高选择合适高度的位置。

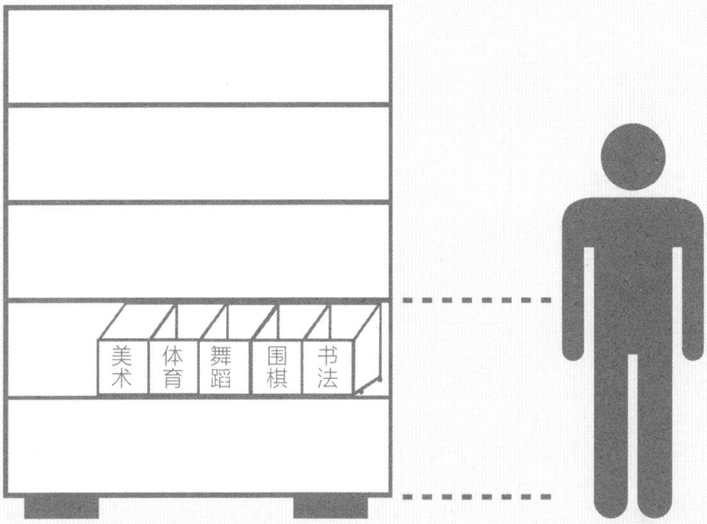

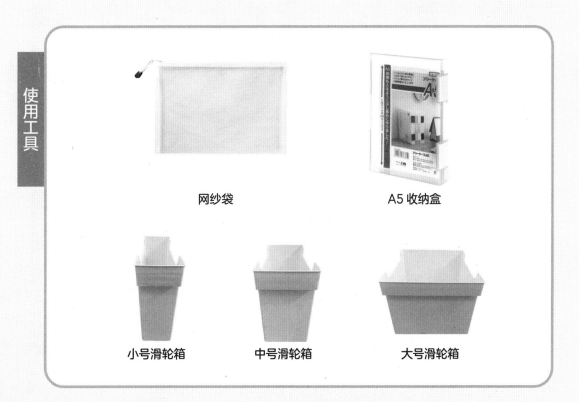

使用工具

网纱袋

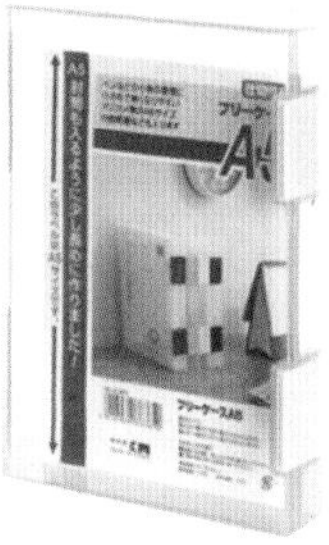

A5 收纳盒

小号滑轮箱

中号滑轮箱

大号滑轮箱

收纳步骤

我们可以根据物品尺寸的大小、数量的多少，把同一兴趣班的物品直接放在一个收纳盒，或者先分装再放入收纳盒。

直接放入

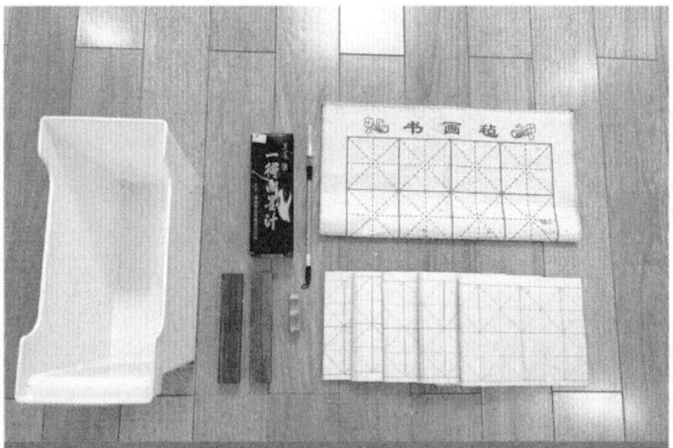

书法

书法

分装再放入

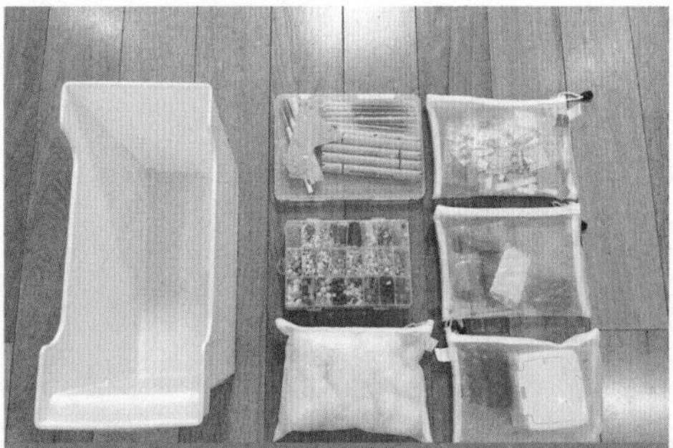

手工

手工

收纳成果

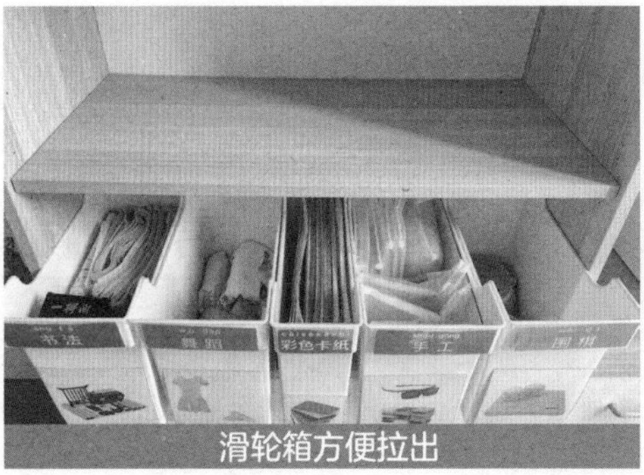

滑轮箱方便拉出

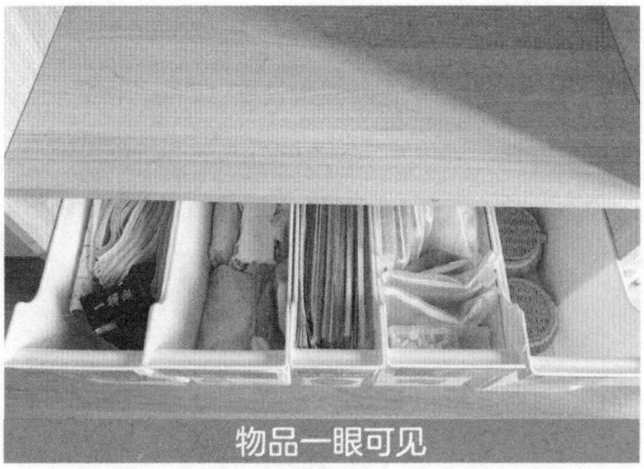

物品一眼可见

02 兴趣班物品的外出收纳

如何收纳：DIY 伸缩清单

来试试“左右护法”收纳法吧，给你的书包做一个 DIY，搞定这些“小”事情。

使用工具

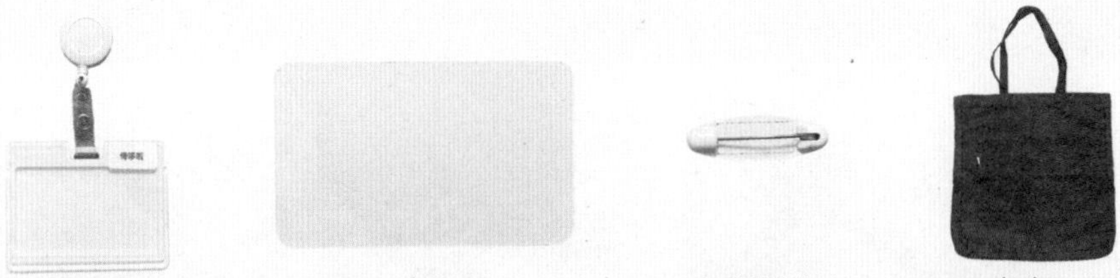

伸缩卡包　白纸　安全别针　包包

收纳步骤

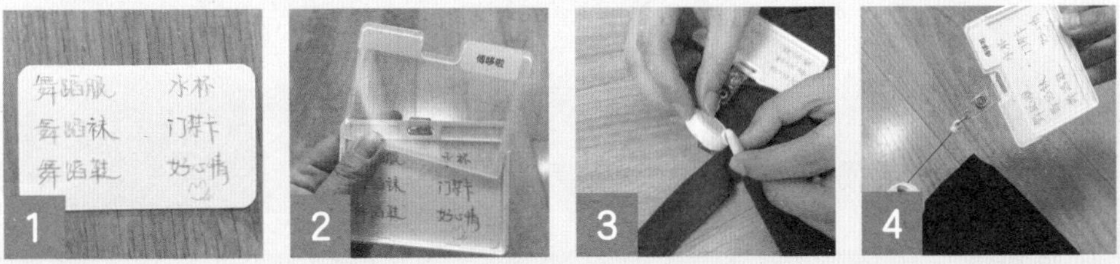

1. 写物品清单
2. 清单放入卡包
3. 别上卡包
4. 伸缩可见

收纳成果

二、体育用品的整理收纳

01 常用体育用品的收纳

跳绳的使用频率比较高，为了方便，建议准备 2 根跳绳，一根放在书包里，另一根放在家里。

如何收纳：跳绳

收纳步骤

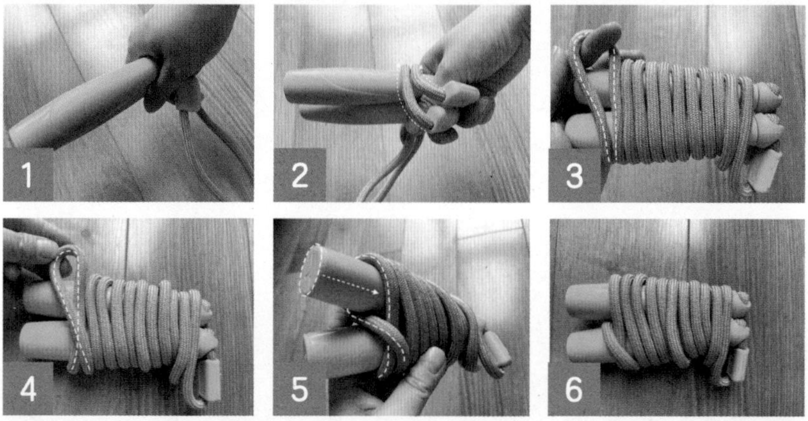

1. 握住手柄
2. 将绳子缠绕手柄
3. 缠绕后（如图）
4. 反转绳子（如图）
5. 套在一个手柄上
6. 完成（如图）

收纳成果

跳绳在学校

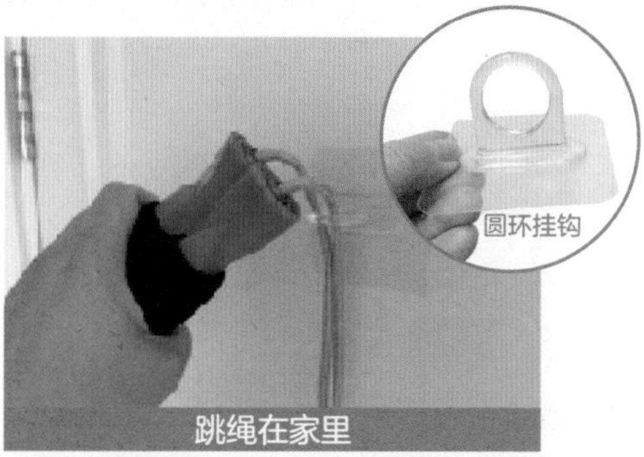

跳绳在家里

如何收纳：游泳用品

游泳眼镜、泳帽、泳衣等存在干、湿两种状态，建议选择防水的收纳袋。同时，分别准备 2 个袋子，将服饰和其他物品分开收纳。

收纳工具：防水束口袋、拉链袋；大小号塑料封口袋。

收纳工具

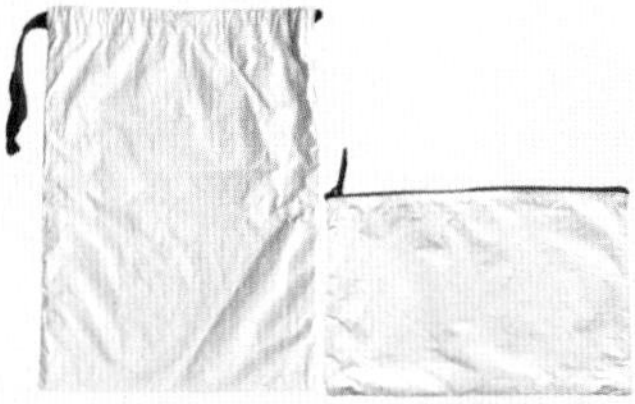

或

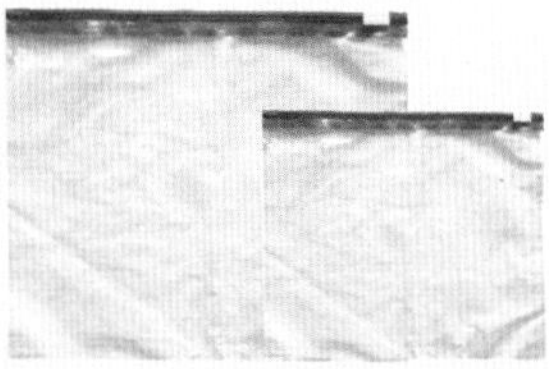

收纳步骤

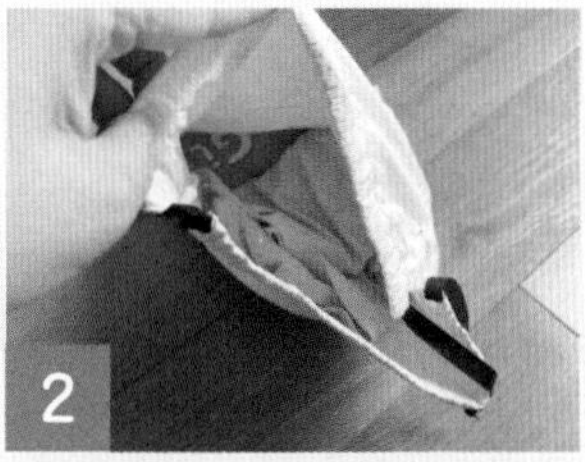

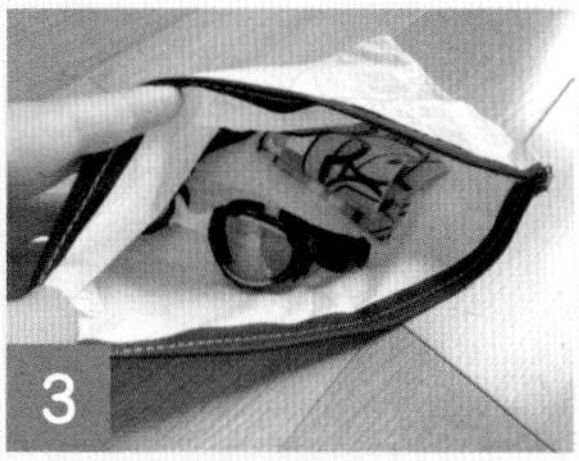

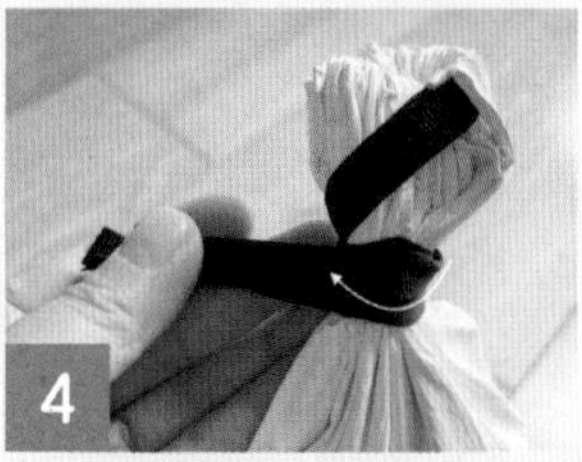

1. 拿出游泳物品
2. 服饰放入束口袋
3. 其他物品放入小袋
4. 湿衣服的袋口用束口绳缠绕
5. 绳子尾端穿入袋口紧紧拴牢

收纳步骤

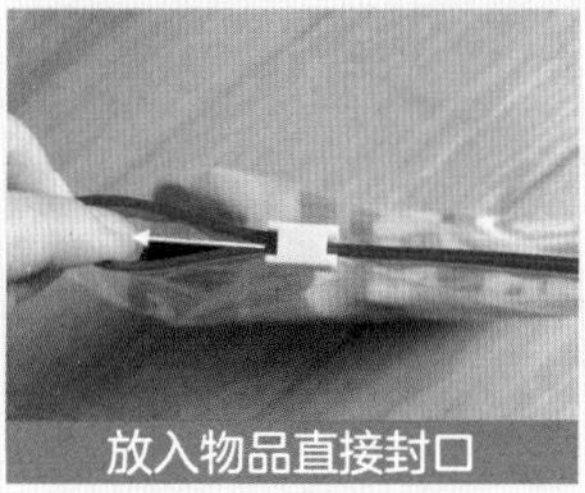

放入物品直接封口

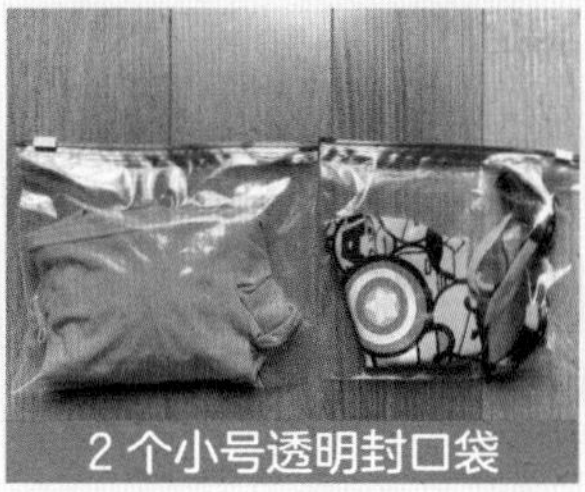

2 个小号透明封口袋

1 个小号和 1 个大号

如何收纳：篮球、足球、排球、乒乓球、羽毛球

球类物品的收纳，可以使用免打孔球架。光滑的墙面（粉墙不建议）、柜子的侧面、门背后等空间都可安装。

收纳工具：免打孔球架及其配件。（球架的安装比较复杂，邀请家长一起来完成吧！）

收纳工具

收纳步骤

螺丝放至凹槽处

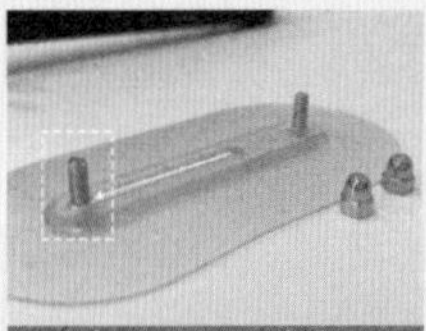

向下滑到底部

螺丝与上下孔对齐

拧上螺帽

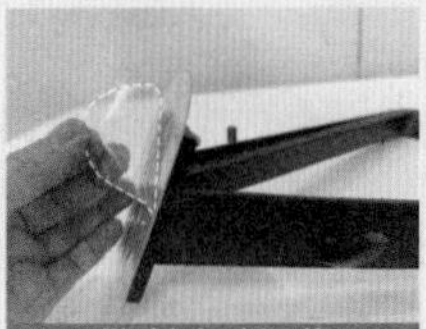

撕掉保护膜

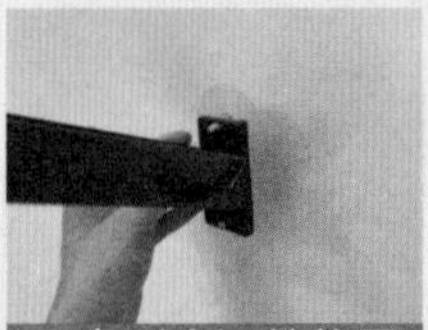

固定到合适的位置

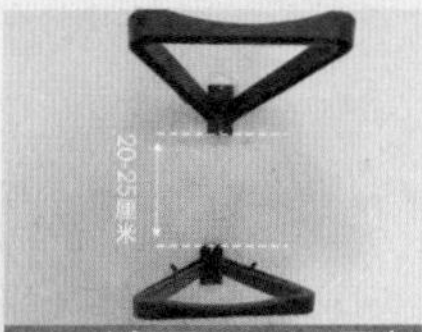

下一个间隔 20~25 厘米

收纳成果

乒乓球、羽毛球建议使用原装袋子，再结合免打孔球架进行悬挂收纳，将球类运动物品统一放置在同一空间，更方便拿取。

收纳步骤

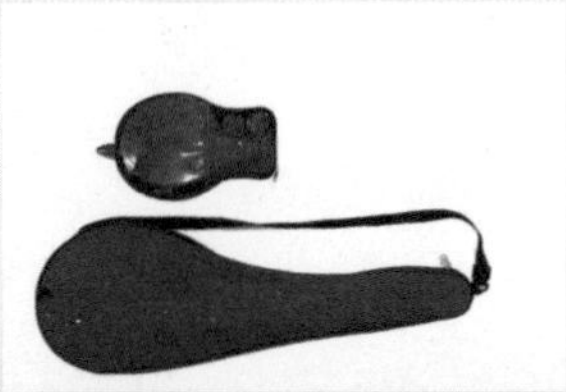

原有收纳袋

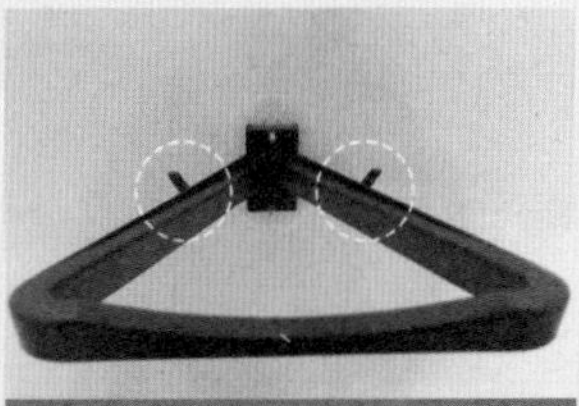

左右两处挂钩

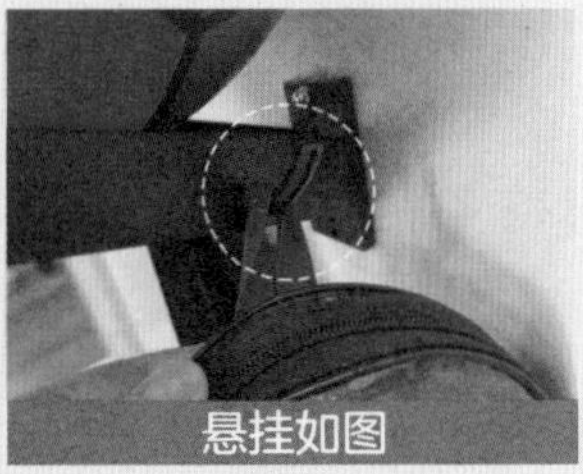

悬挂如图

收纳成果

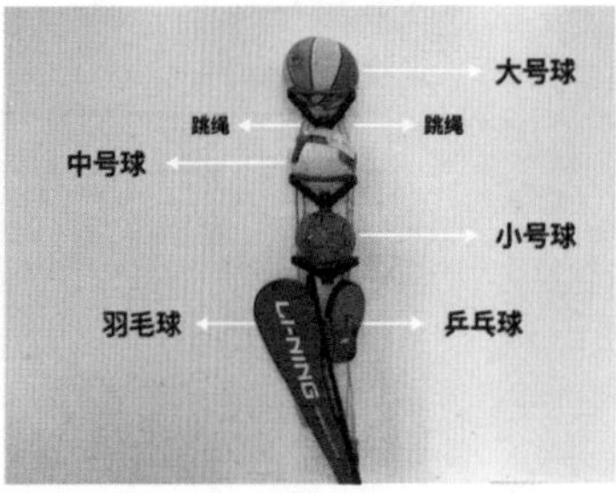

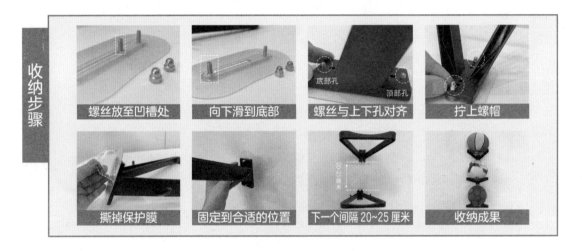

02 体育用品的集中收纳

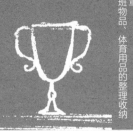

如何收纳：玩具箱收纳

将体育用品集中收纳，查找和拿取也会更加方便。

收纳工具：抽拉式玩具收纳箱、透明挂钩

收纳工具

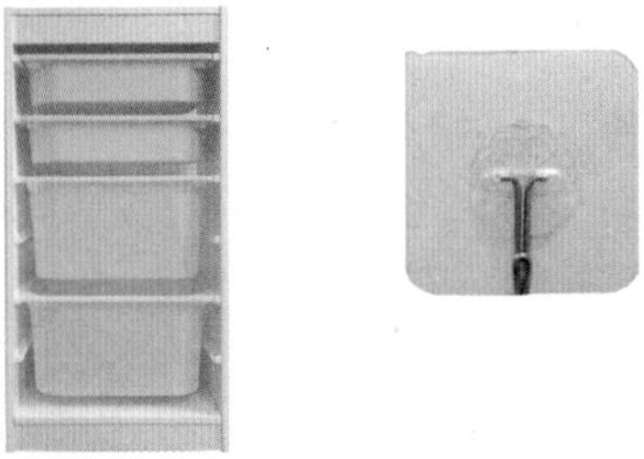

收纳步骤

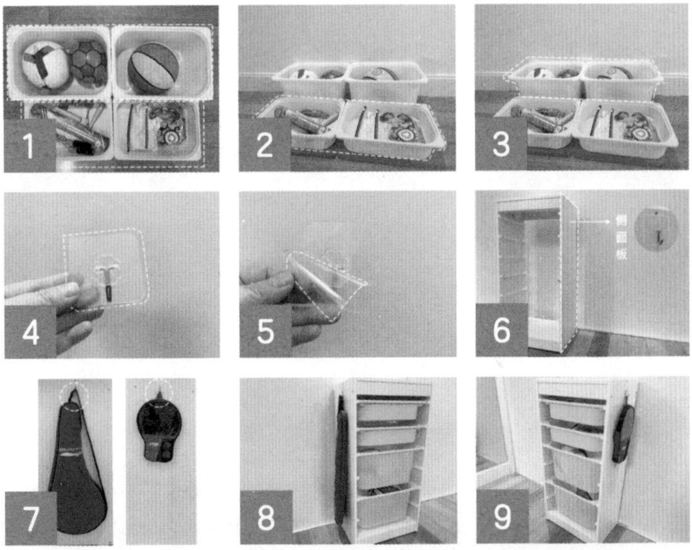

1．按体积分类
2．小体积物品放入小号箱
3．大体积物品放入大号箱
4．准备透明挂钩
5．撕掉薄膜
6．贴在侧面板上
7．悬挂物品
8．收纳成果
9．收纳成果

如何收纳：滑轮箱收纳

大体积的体育用品，需要选择更大的工具才能满足收纳需求。

收纳工具：大号滑轮箱。

收纳工具

收纳步骤

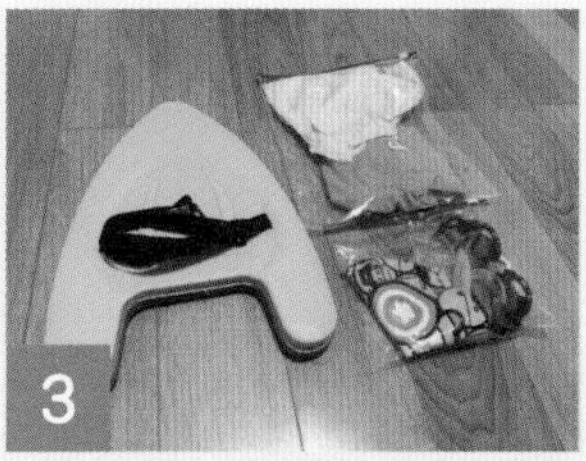

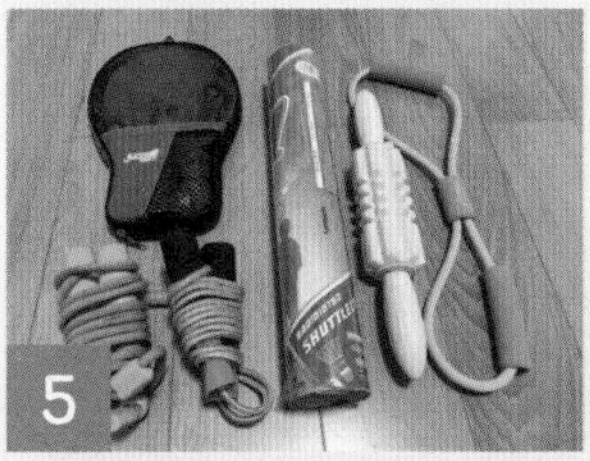

1. 轮滑鞋及配件
2. 统一收纳
3. 游泳物品
4. 统一收纳
5. 小体积物品
6. 混合收纳

收纳成果

03 打造一面家庭运动物品收纳墙

和家人们一起进行体育锻炼，不仅能够增强体质，还有利于维持亲密和谐的家庭关系。和家长一起来打造一面全家人的运动物品收纳墙，营造满满的运动仪式感。

收纳工具：塑料洞洞板、木质洞洞板及其配件。

收纳工具

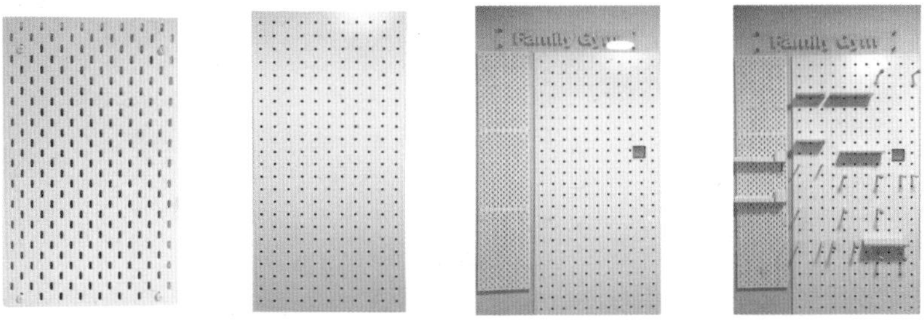

收纳成果

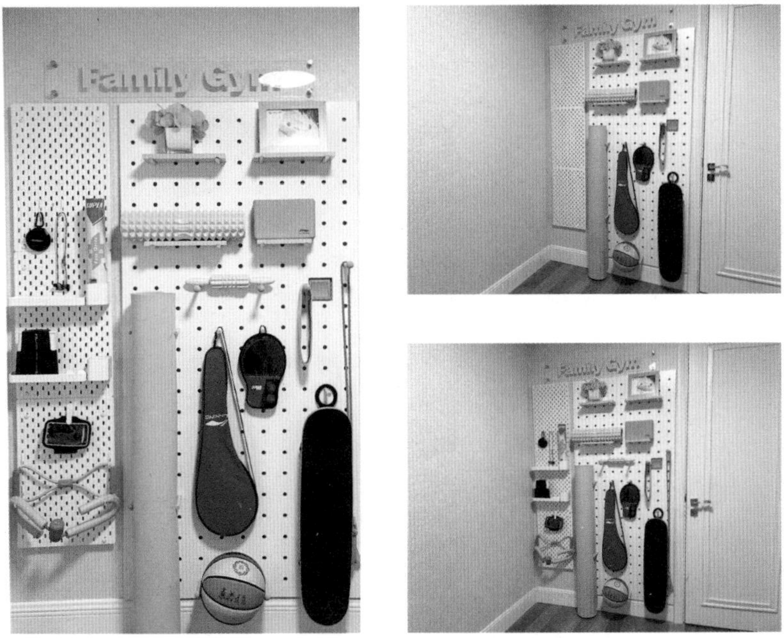

收纳细节

木质洞洞板收纳工具

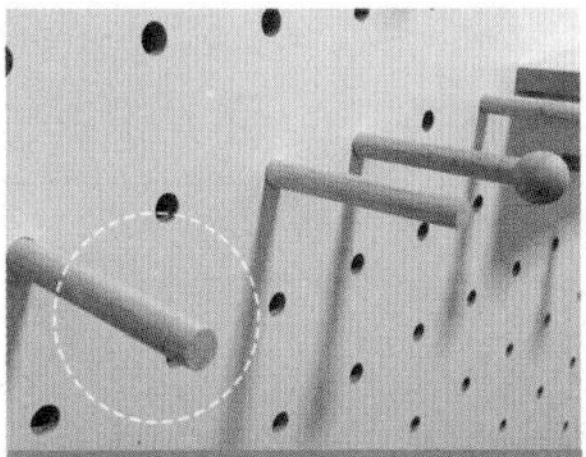
安装如图

垫子收纳成果

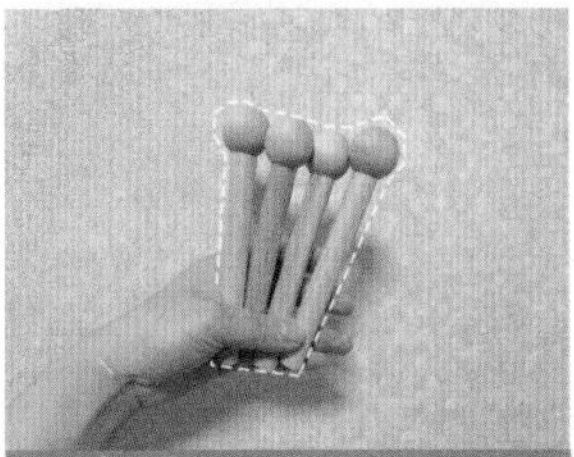
木质洞洞板收纳工具

安装如图

球类收纳成果

滑板车收纳成果 1

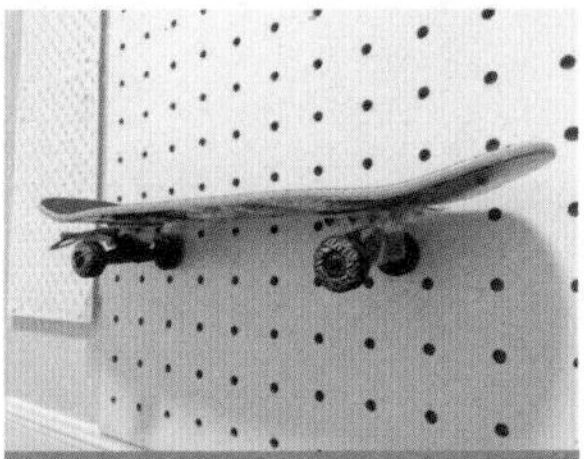
滑板车收纳成果 2

羽毛球乒乓球收纳成果

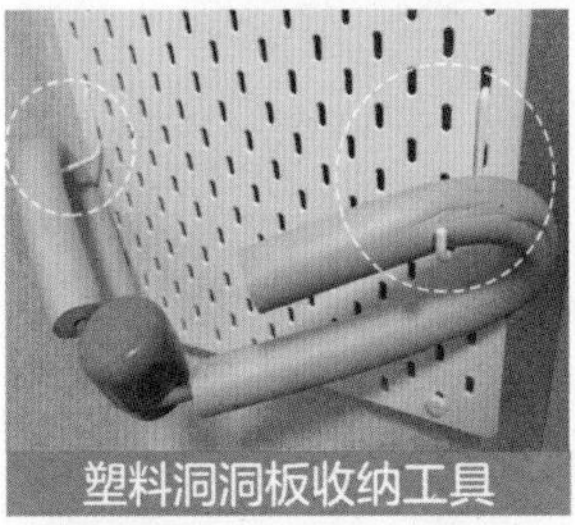
塑料洞洞板收纳工具

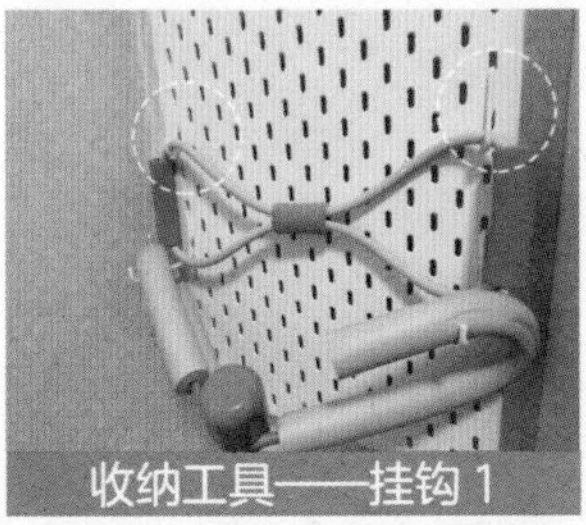
收纳工具——挂钩 1

收纳工具——挂钩 2

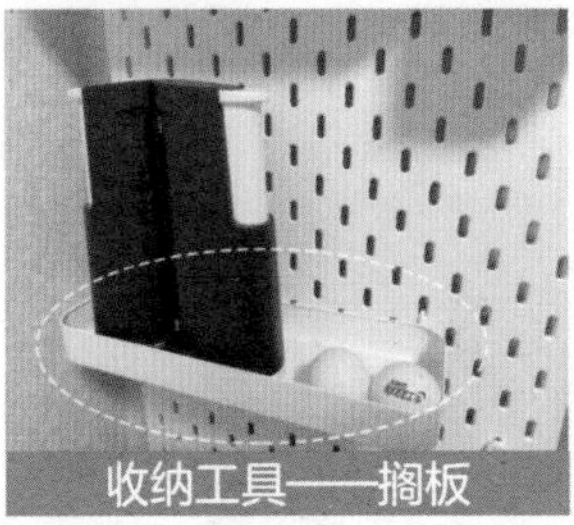
收纳工具——搁板

收纳工具——盛具

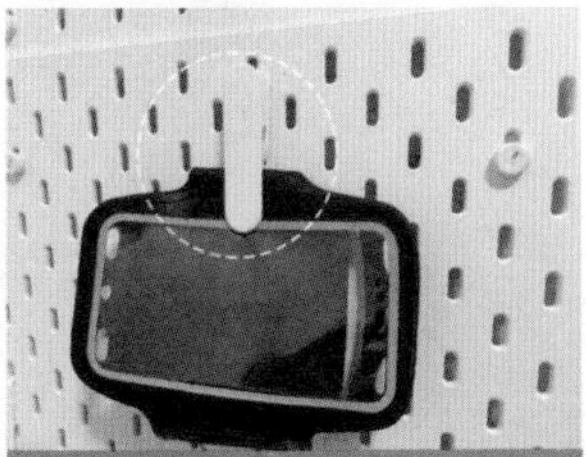
收纳工具——夹子

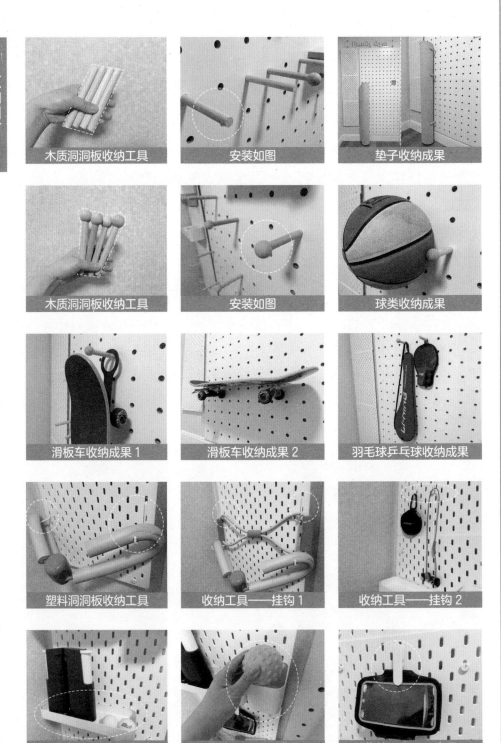

第五章

儿童纪念物品的整理收纳

一、关于纪念物品收纳的思维模型

我们面对小时候的绘画、手工作品、奖杯、奖牌等，觉得每一件都有意义，舍不得扔掉，但又没有足够的空间去收纳，真的很纠结。

整理收纳不仅可以让房间变得干净，它还能够锻炼我们的决策和判断能力。

说一说 你更喜欢哪一种场景呢？

想一想

面对有纪念意义的物品，我们应该先思考 3 个问题，再决定这件物品的去留。

①留下它，能否让你特别快乐?

②你是否愿意花时间精力去“珍藏”它?

③它应该收纳在哪里呢?

不经思考全部留下

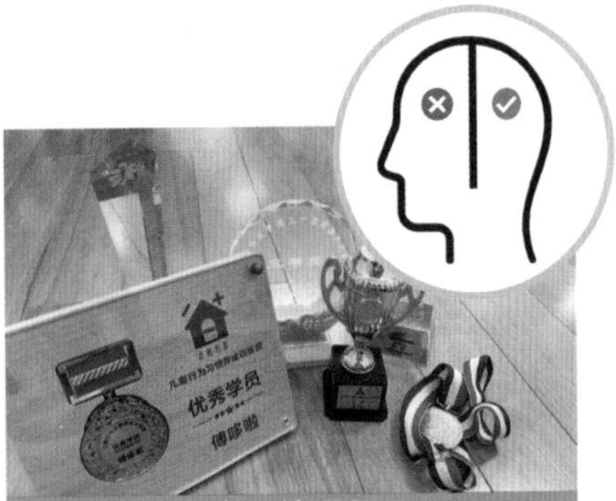

思考后慎重留下

常见误区

有的时候大脑也会欺骗我们，误以为把物品放在家里，留下就等于珍藏，回忆和美好就能够永久保存了。

可是，那些被随意放在抽屉里或凌乱地摆在书架上的物品，它们很难体现出珍藏和纪念的意义哦!

错误场景

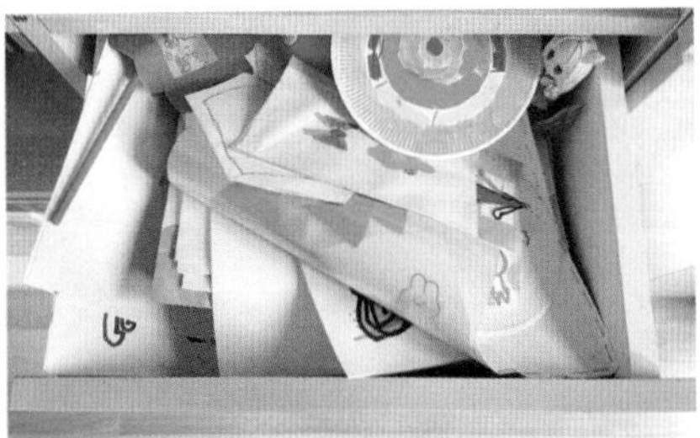

抽屉里乱成一团的生日贺卡

书架上东倒西歪的作品和奖品

①没有怦然心动
②没有时间整理
③没有固定位置

≠

①拥有它心情愉悦
②愿意花时间整理
③有专属收纳位置

留下不等于珍藏

只有在大脑认真思考后，有了对物品去或留的决定，才能真正开始我们的收纳之旅。请记住，整理收纳不是一股脑地把物品收起来，而是经过我们的思考和判断之后的行为！

选一选 下面哪些物品属于有纪念意义的物品？在□内打“√”

□ □ □ □ □ □ □ □

分一分 我们把有纪念意义物品的收纳分为两种：展示收纳和珍藏收纳。

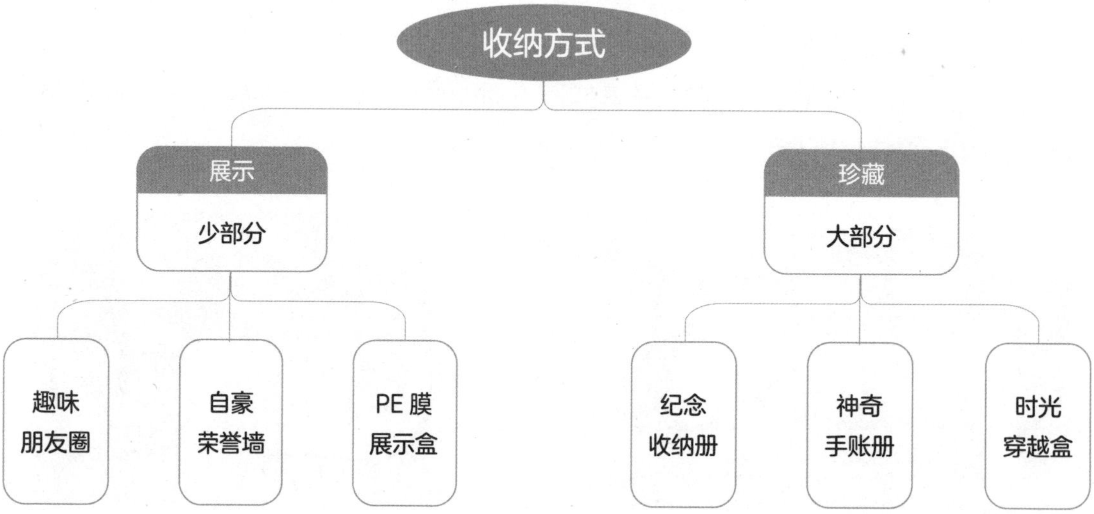

二、纪念物品的展示收纳

你知道吗？展示也是一种收纳方式哦。

趣味朋友圈、自豪荣誉墙、PE 膜展示盒是常用的三种展示型收纳。这种方式可以培养我们的生活美学和空间规划能力。让我们一起来动手打造一个精美的展示区吧！

趣味朋友圈

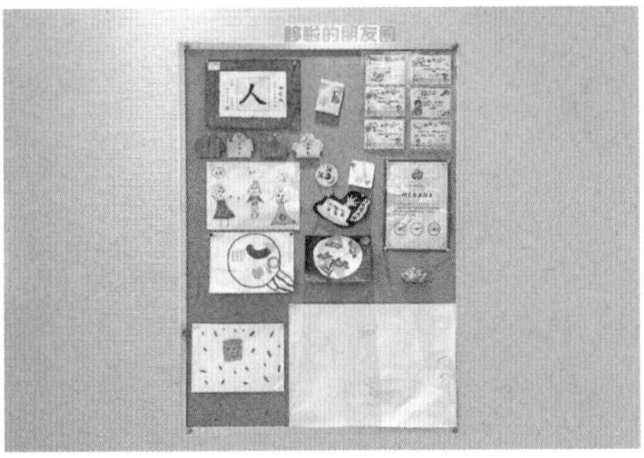

自豪荣誉墙

PE 膜展示盒

01 打造一个有趣的朋友圈

在家里打造一个属于自己的“朋友圈”，把最让你怦然心动的字画作品、奖状等物品展示出来。不仅可以美化你的房间，还可以让家人们了解你的最新动态，为你评论、点赞，增加家人之间的互动。

使用工具

软木板

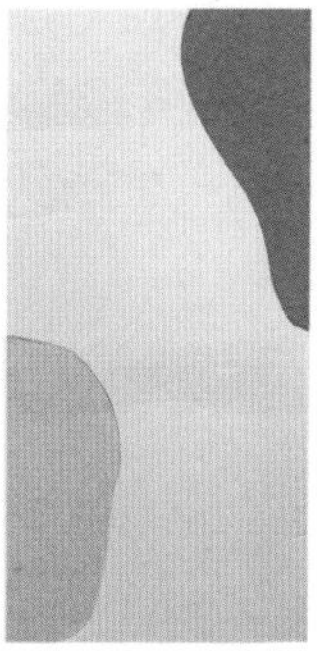

毛毡板

图钉

双面胶

用软木板打造趣味朋友圈

软木板安装上墙，需要使用无痕钉、锤子，建议低年级的同学和爸爸妈妈一起来完成前三个步骤。

亲子互动

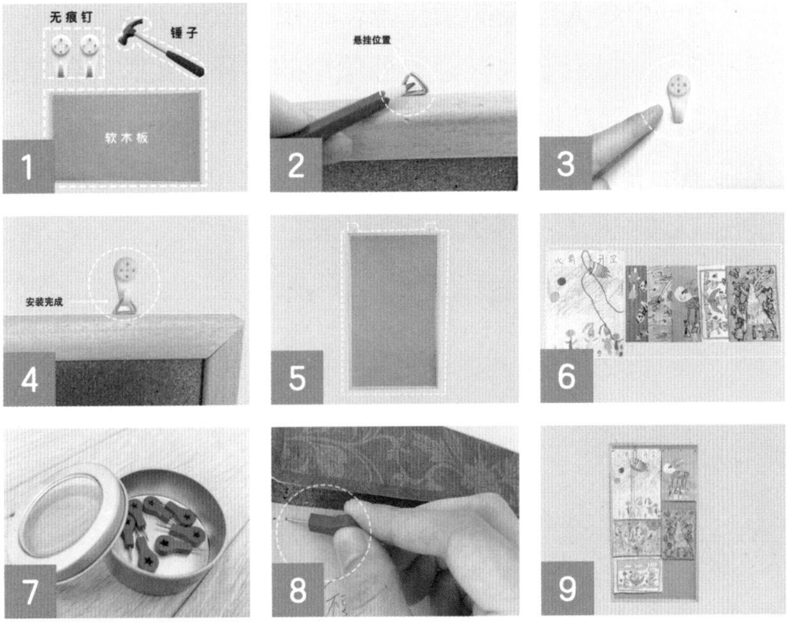

1. 准备工具
2. 悬挂处做记号
3. 用锤子安装无痕钉
4. 按图示悬挂软木板
5. 安装完成效果
6. 准备朋友圈素材
7. 准备图钉
8. 用图钉固定素材
9. 成果展示

收纳成果

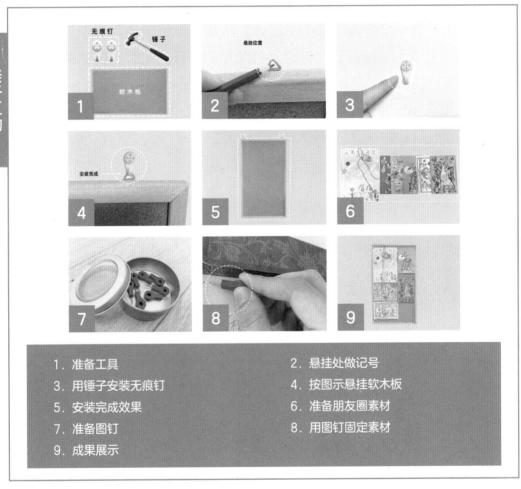

02 打造一个自豪的荣誉墙

在家里打造一个令人自豪的荣誉墙，不仅可以记录我们的高光时刻，同时也是一种自我激励。每当看到这些象征荣誉的奖杯、奖牌、奖章的时刻，你的内心会充满自信，从而获得满满的内驱力。

“荣誉墙”和“朋友圈”是一对好朋友。“朋友圈”收纳的物品以纸类居多，“荣誉墙”则是以体积和重量较大的物品为主。

洞洞板

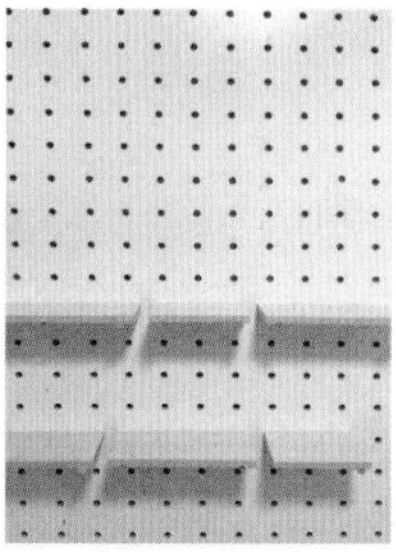

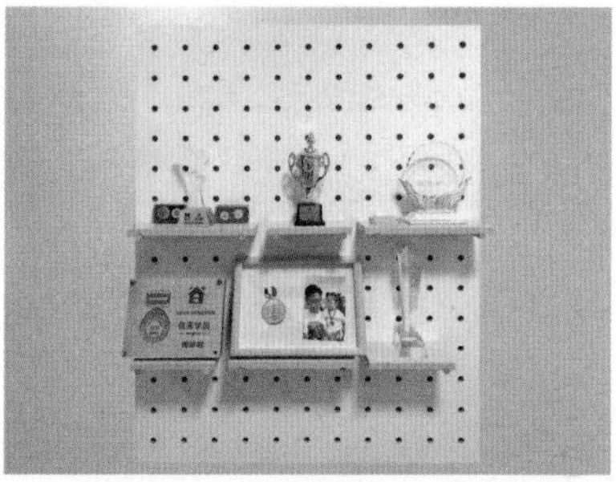

落地书架

普通柜子

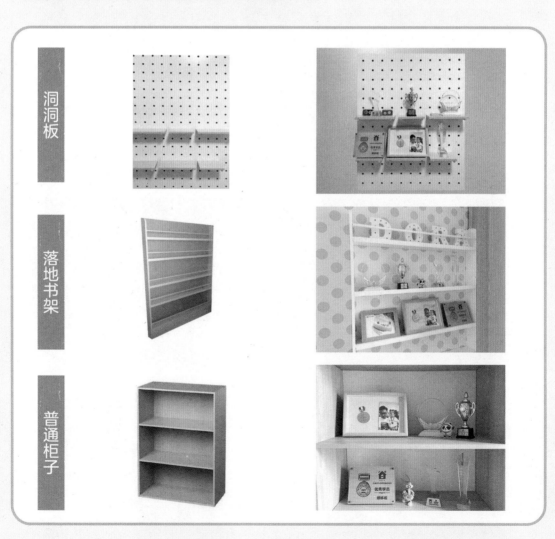

如何收纳：相框收纳法

相框可以同时将奖牌、照片集中收纳并展示，这种方法可以用于非常值得纪念的场景。

收纳步骤

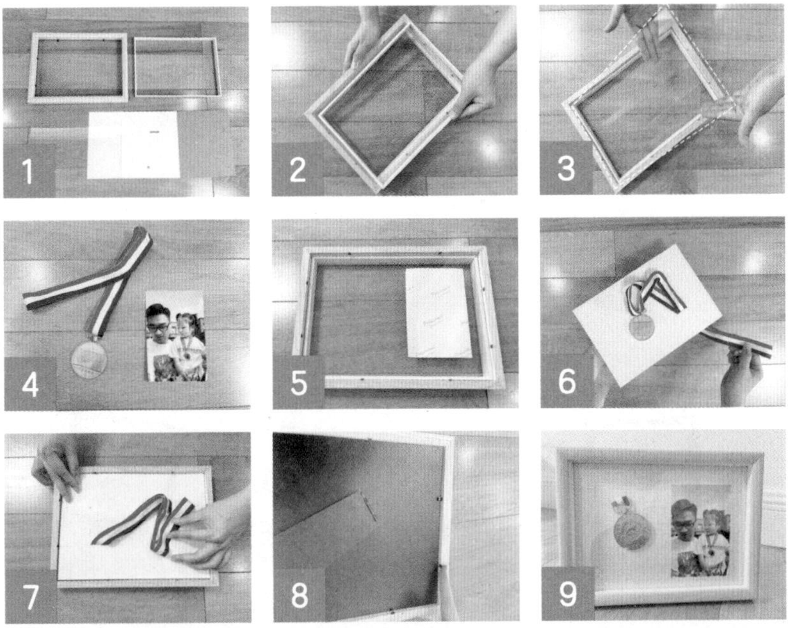

1．相框配件工具
2．安装相框
3．安装塑料片
4．准备奖牌、照片
5．照片反放在塑料片上
6．奖牌绳穿入底板
7．将底板安装至相框
8．安装背板
9．安装完成

收纳成果

03 精美的 PE 膜展示盒

精美的小奖章、纪念币，小时候长辈们送的首饰、祈福包，还有掉落的牙齿等，这些都是很有意义的纪念物品。但因为体积小，所以经常被人顺手放到抽屉里，时间久了就可能被遗忘。面对那些真正有纪念价值的物品，我们不仅仅要保留下来，还要学会珍惜。

收纳工具

收纳成果

收纳成果

三、纪念物品的珍藏收纳

珍藏，就是好好保存那些值得纪念的物品。同学们也许会认为，只有物品留下来才能够实现珍藏。其实不然，珍藏的方式多种多样，每一种都可以让我们走进“回忆”的世界。

纪念收纳册

工具：活页收纳册

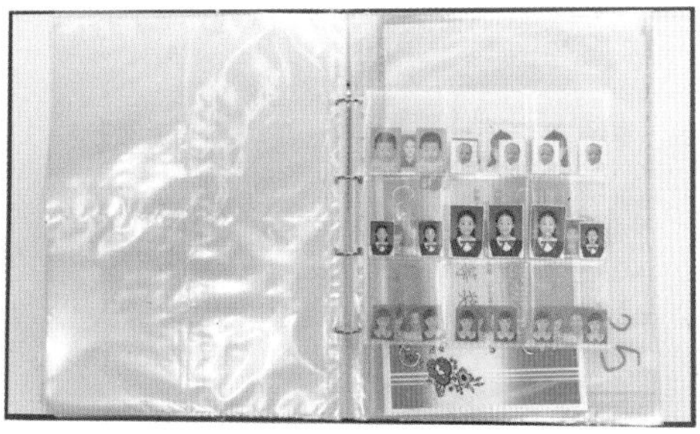

收纳成果

神奇手账册

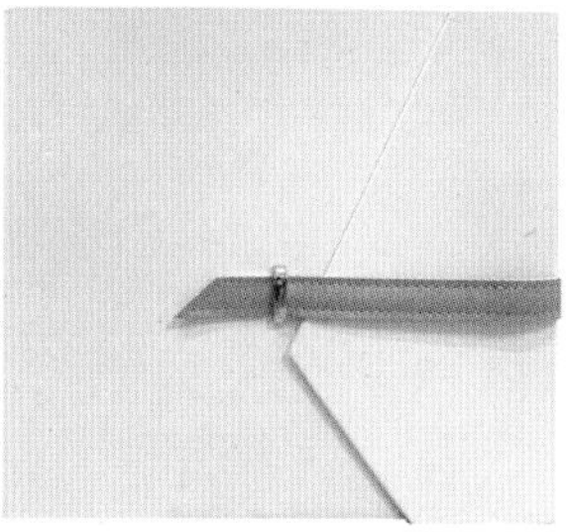

工具：手账照片册

收纳成果

时光穿越盒

工具：普通盒子

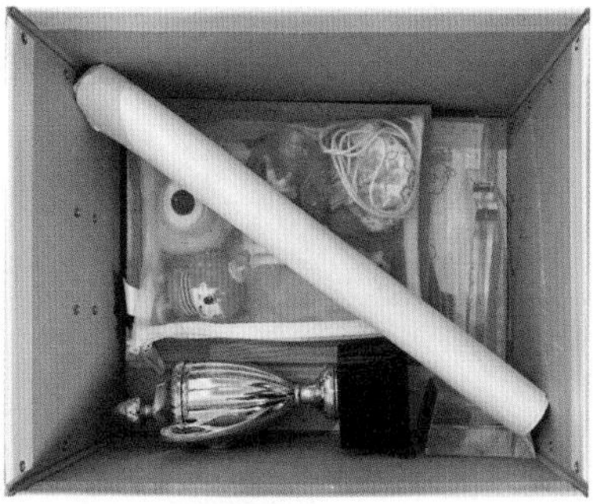

收纳成果

01 纪念收纳册

活页夹形式的纪念收纳册，可以通过不同规格的替芯页收纳不同尺寸的绘画作品、奖状、照片等，方便一册管理。

收纳工具

活页收纳册

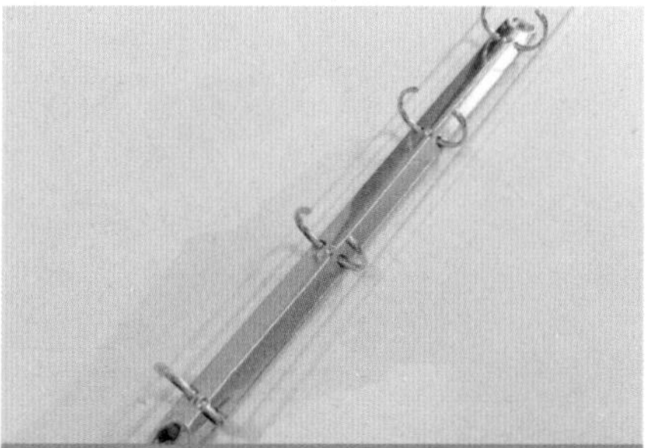

活页夹设计

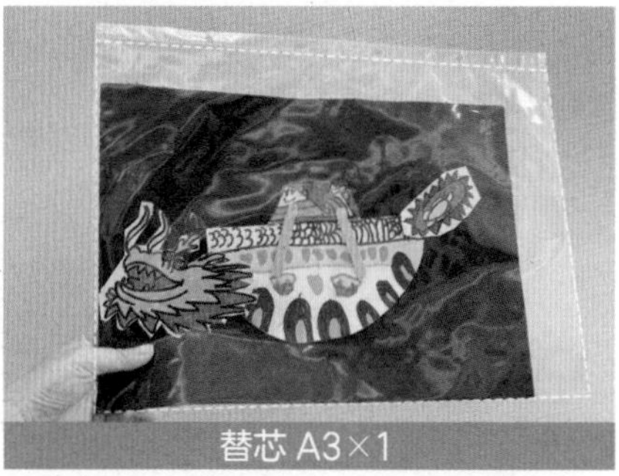

替芯 A3×1

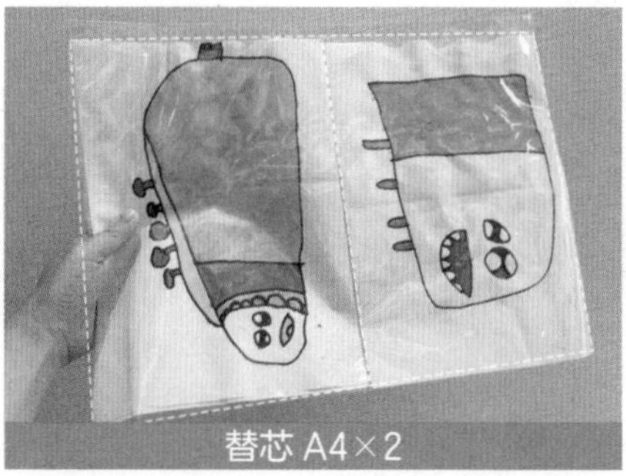

替芯 A4×2

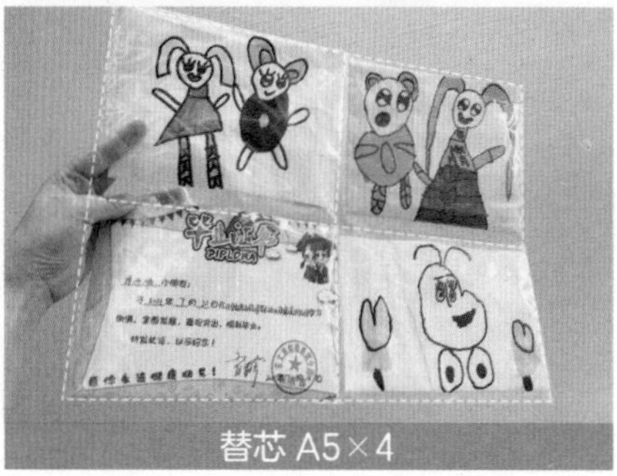

替芯 A5×4

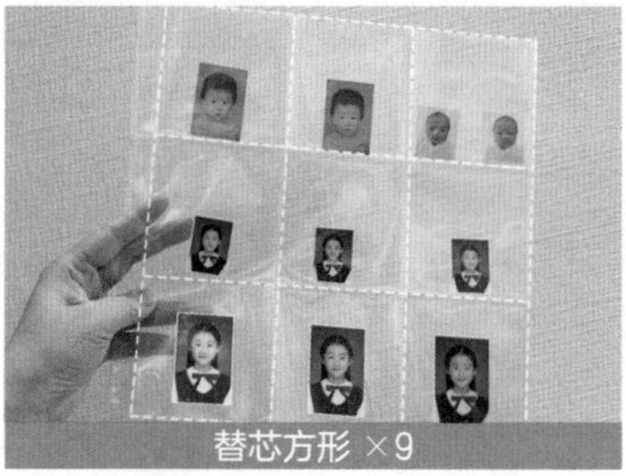

替芯方形 ×9

DIY 证件照创意收纳

不同背景颜色或尺寸大小的照片，叠放在一起会无法快速分辨和拿取。让我们动动灵活的小手，一起来 DIY 一个证件照收纳页吧！

收纳步骤

1. 准备方形活页
2. 准备剪刀
3. 按虚线向下剪
4. 剪后图样
5. 按虚线向左剪
6. 重复步骤向右剪
7. 直接放入照片
8. 一方格放 2 张照片
9. 直接拿取

收纳成果

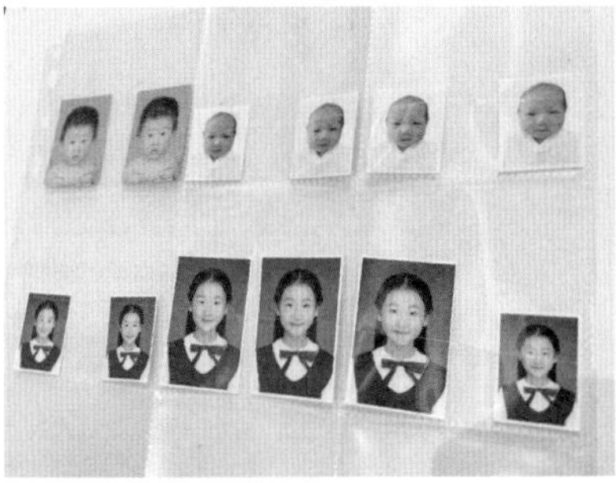

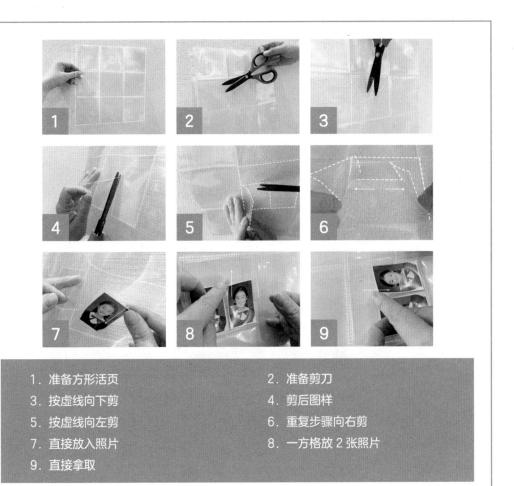

02 时光穿越盒

如果有一些物品非常珍贵，必须要留下实物，那就为它们找一个“时光穿越盒”，将它们按照体积先大后小的顺序摆放进去。一定要记得控制数量哦，数量太多就会让我们很难掌控。

收纳步骤

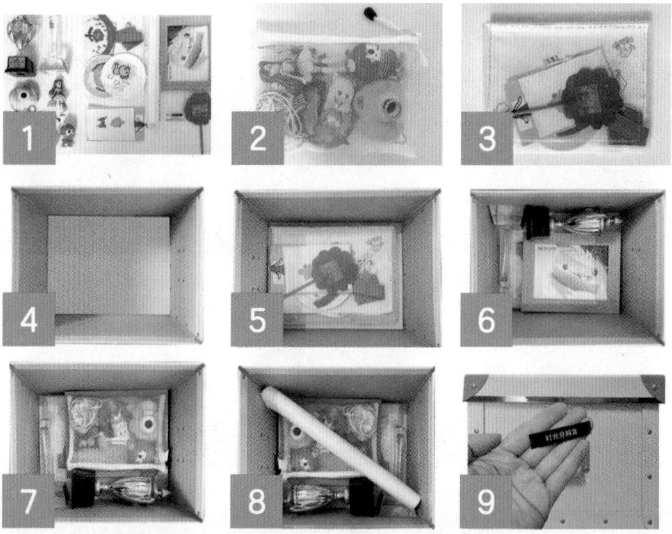

1. 将物品按照体积大小分类
2. 小物用袋子装起来
3. 纸类物品用袋子装起来
4. 拿出收纳盒
5. 从大到小摆放
6. 从大到小摆放
7. 从大到小摆放
8. 易碎易烂放最上面
9. 贴上标签

收纳成果

03 神奇手账册

我们生活中值得回忆的物品太多，如果将实物全部保留，收纳的难度很高，空间也会越来越局促。我们可以把物品拍成照片，统一收纳到手账册里，这样不仅节省了收纳空间，还拥有了满满的回忆，同时还能发挥我们天马行空的创意。

收纳工具

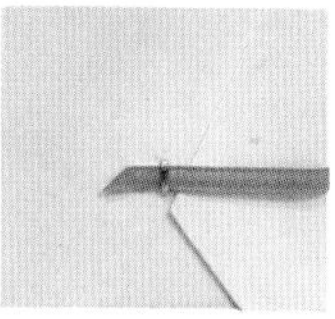
收纳册

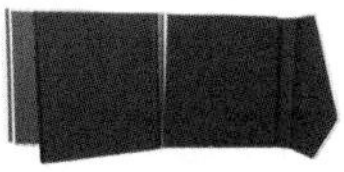
内页展开

刮片

荧光笔

贴纸

照片

如何收纳：神奇的手账册

照片打印尽量选择不褪色的墨水，这个步骤可以让家长来帮忙。手账的魅力就在于你可以通过文字、图片、图画等不同的形式，来打造一本专属的回忆录。

收纳成果

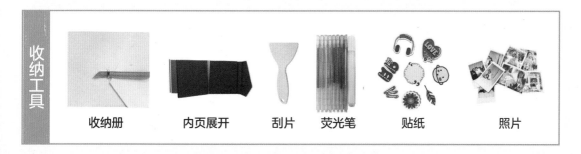

收纳步骤

准备作品

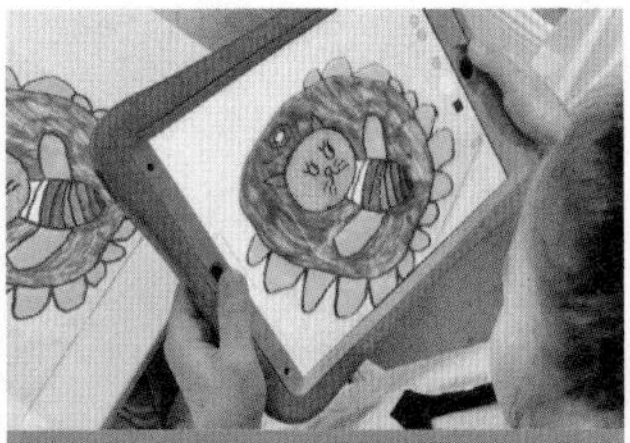
拍照

打印

剪成合适大小

放入手账本

写上文字

贴上贴纸

刮刀弄平

作品实物断舍离

微习惯养成记

纪念品整理小达人记忆力测试		你做到了吗，给自己打几颗星？
①纪念品的断舍离	留下（　）等于珍藏	☆☆☆☆☆
②展示收纳	打造一个（　）（　）圈	☆☆☆☆☆
③时光穿越盒	先（　）后（　）的顺序	☆☆☆☆☆

收纳小达人精彩花絮：

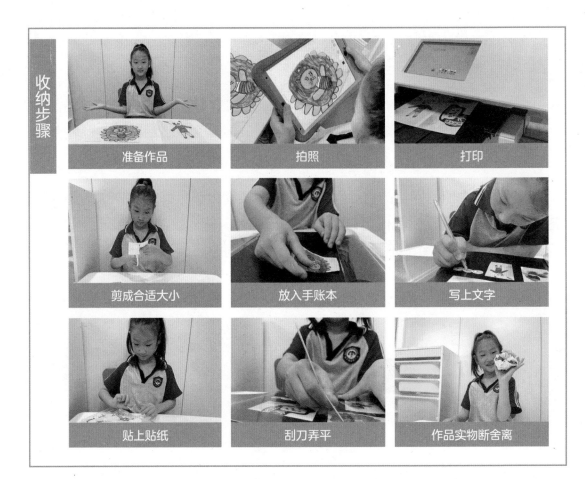

第六章

旅行物品的整理收纳

一、旅行必备物品清单

出去旅行真是一件令人期待的事情呀！做好整理收纳，可以减少忘记带东西的烦恼，节省在旅途中找东西的时间，旅程结束后也不会丢三落四。

一些同学会把收拾行李的工作交给爸妈，找不到东西的时候也只能找他们。其实整理收纳不仅是在整理物品，还是在锻炼大脑的逻辑思维，将物品管理得清清楚楚，大脑也会变得有条有理。

说一说 你属于下面哪一种场景呢？

常见误区

如果不提前做好旅行计划，就很容易忘记重要的事情和物品。如果把东西一股脑儿的塞到行李箱，没有做好分类，物品和心情都会变得乱糟糟哦！

错误场景

没有规划，物品混乱

没有分类，包内乱糟糟

自己找不到物品

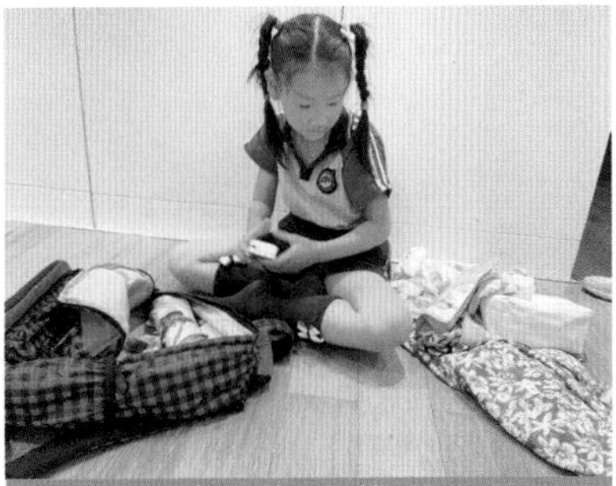

自己找不到物品

分一分 通过分类和列清单的方法，让大脑很清晰地知道什么时间该干什么，应该准备什么样的物品。旅行携带的物品可以分为四大类。

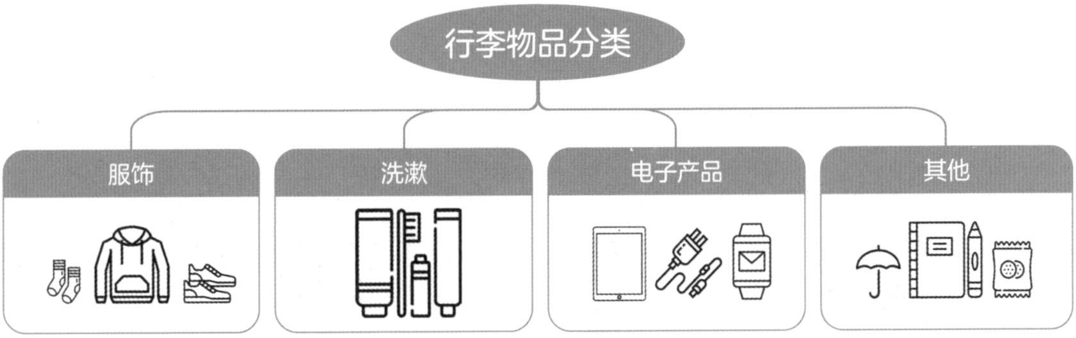

旅行常用物品参考清单

收拾行李前先思考一下应该带哪些物品？参考这份清单整理旅行的物品，效率会大大提高。让我们学会自己收拾行李，开启一段美好的旅程吧！

清单仅作参考，请根据自己的实际需求在“□”内打“√”。

服饰清单

内衣 / 裤	睡衣 / 裤	袜子	上衣	下装	鞋子	帽子	眼镜 / 墨镜
				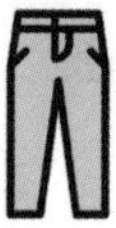		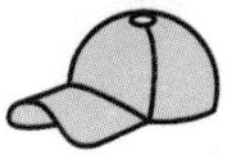	
□	□	□	□	□	□	□	□

洗漱清单

牙刷	牙膏	毛巾	纸巾	沐浴露	洗发露	梳子、皮筋	宝宝霜
	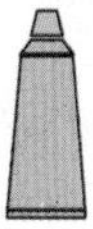						
□	□	□	□	□	□	□	□

电子产品清单

电话手表	充电线	学习机	充电线
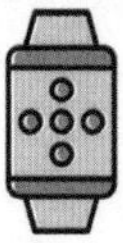			
□	□	□	□

其他清单

证件	作业	雨伞	水杯	食物	玩具

□	□	□	□	□	□

二、旅行物品的整理收纳

如果是 1~2 天的短期旅行，不需要带很多东西，一个背包就可以搞定。这样既方便携带也节省空间。

如果是 3 天以上的中长期旅行或者秋冬季节出游，使用行李箱能够收纳更多的物品。

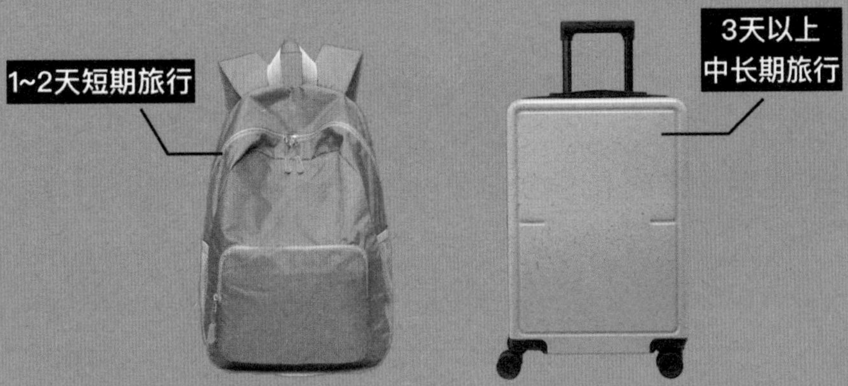

收纳成果

背包旅行

行李箱旅行

01 旅行背包的整理收纳

短途旅行的物品数量建议尽量少，可以满足基本需求即可。
收纳工具：背包、大小号透明封口袋、手提塑料盒。

收纳工具

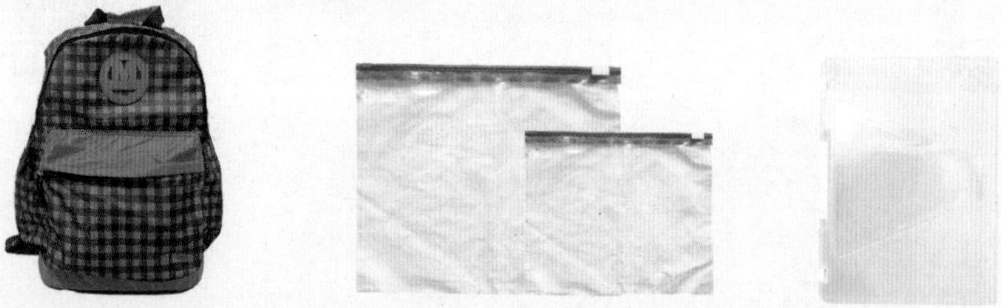

收纳步骤

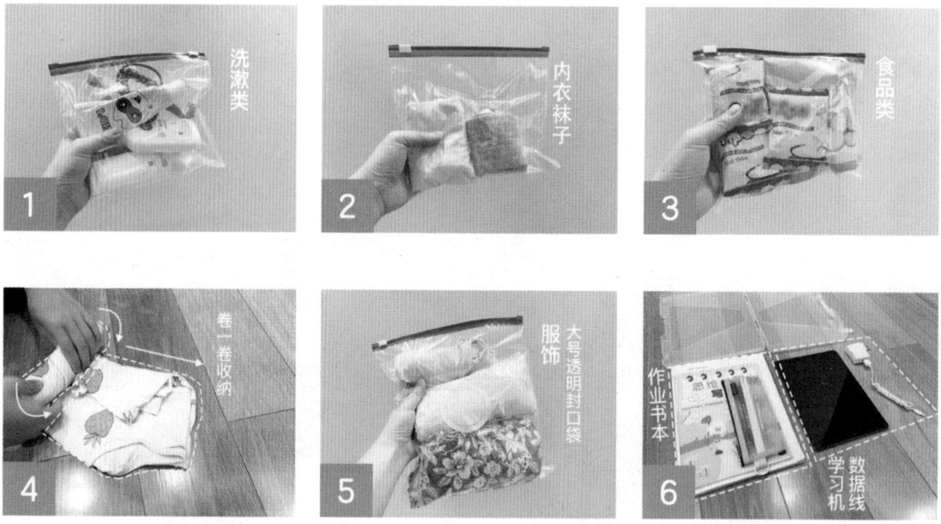

1. 洗漱用品放入小号封口袋
2. 内衣袜子放入小号封口袋
3. 食品放入小号封口袋
4. 把服饰卷起来
5. 服饰和毛巾放入大号封口袋
6. 作业书籍学习机放入塑料盒中

收纳步骤

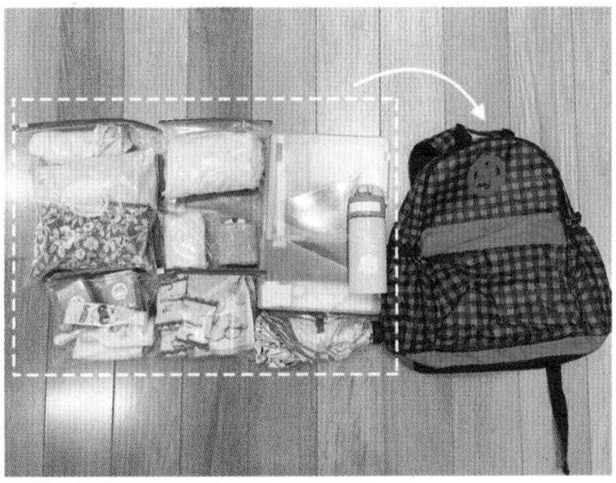

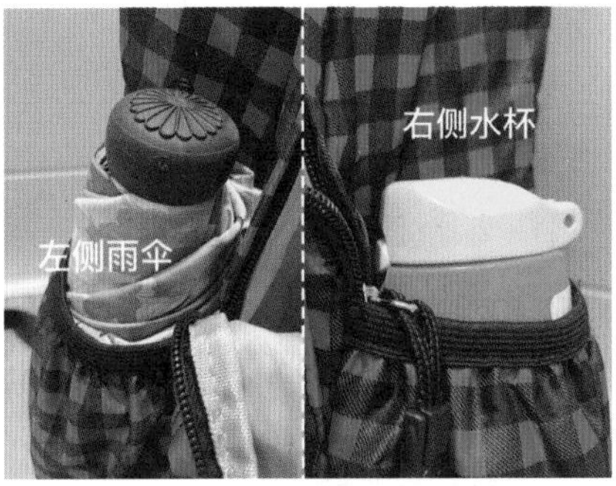

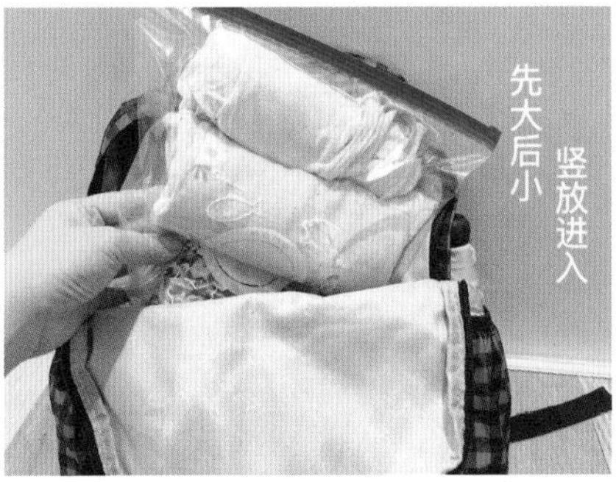

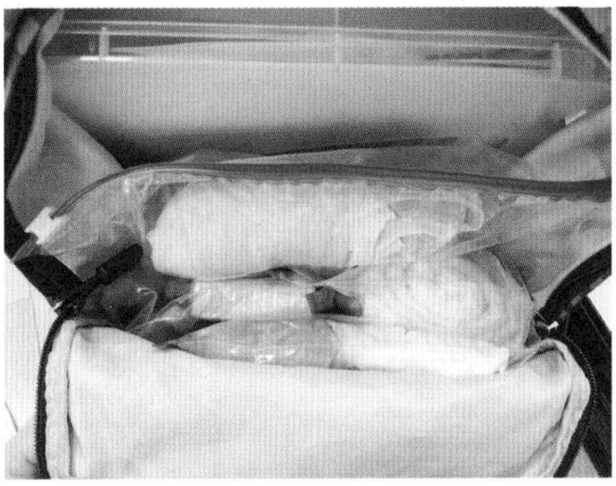

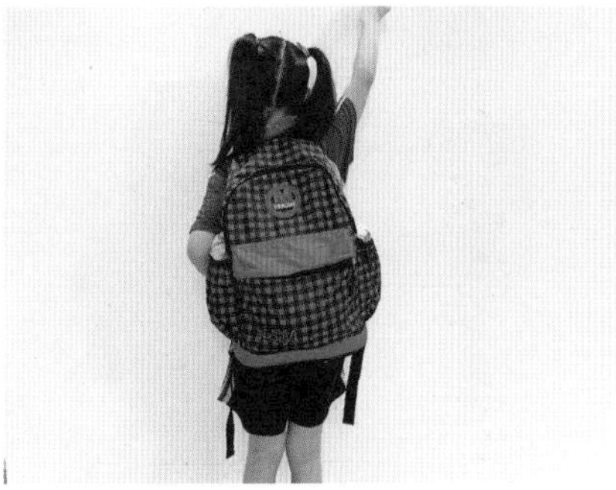

02 旅行箱的整理收纳

收纳工具：行李箱、衣架、大小号透明封口袋、手提塑料盒。

收纳工具

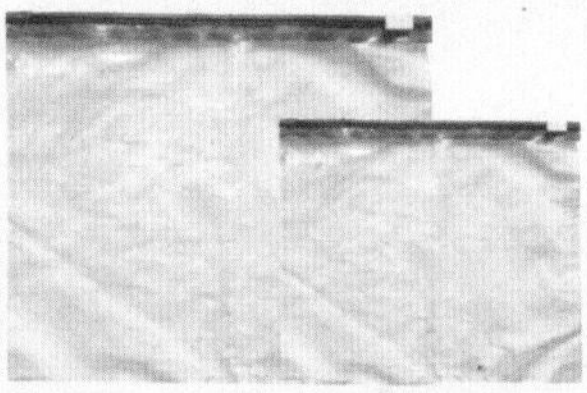

把行李箱分为左右两个空间，分别放置服饰类和其他类。左侧放置大件衣服，采用平铺收纳法；右侧放置洗漱用品、电子产品、其他类物品，采用一类一袋法。

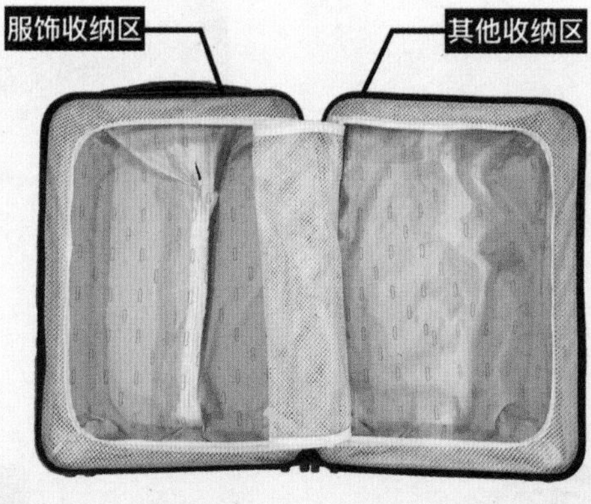

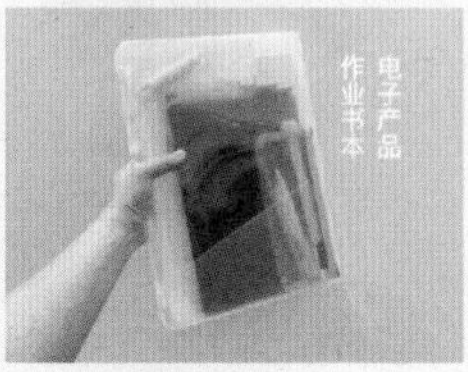

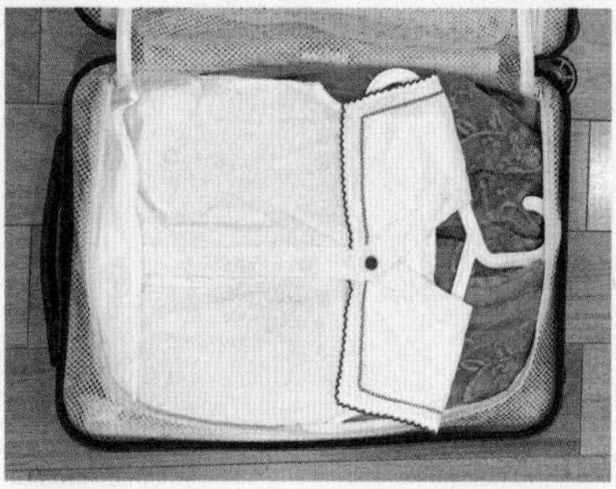

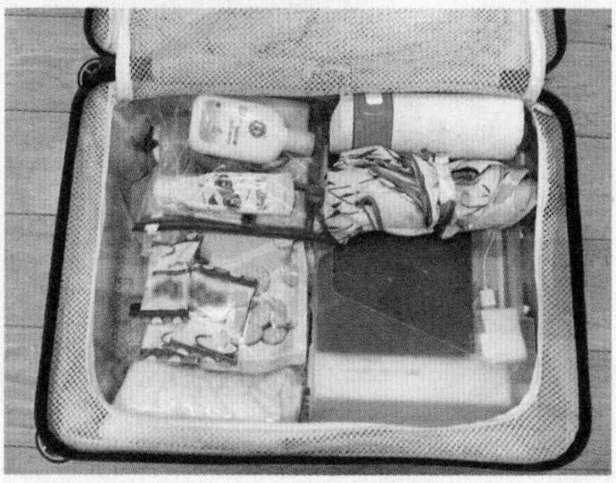

收纳步骤

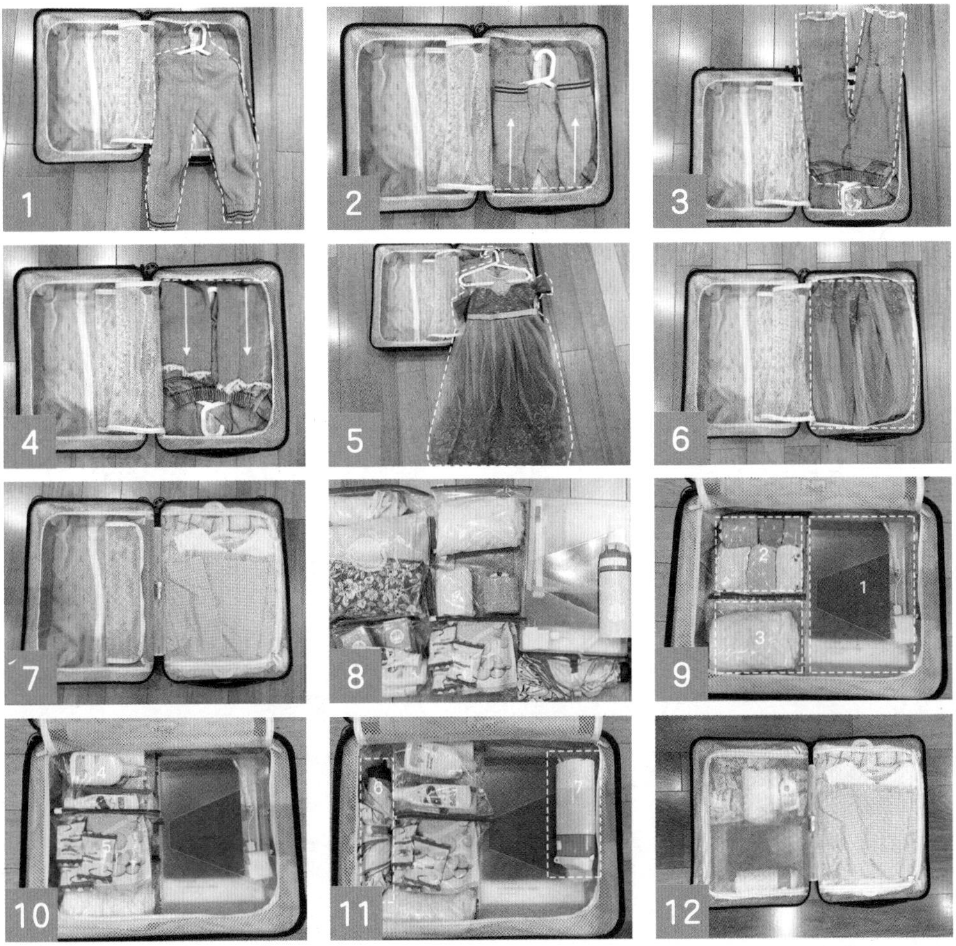

1. 直接放入衣 / 裤
2. 沿虚线向内折叠
3. 再反向放入衣 / 裤
4. 沿虚线向内折叠
5. 重复以上操作
6. 重复以上操作
7. 拉上这一侧的拉链
8. 其余物品一类一袋装好
9. 从大到小依次放入
10. 易碎常用物品放最上面
11. 易碎常用物品放最上面
12. 拉上这一侧的拉链

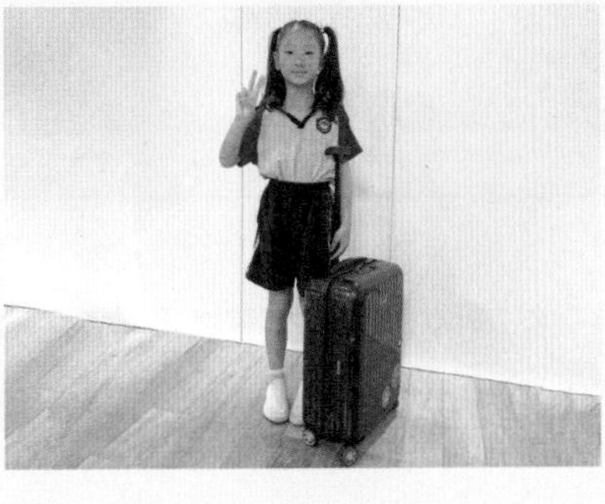

传统行李箱与高效行李箱

我们学习了行李箱的服饰整理收纳时，是不是有这样的疑问：为什么要将衣服带着衣架放入行李箱呢？那是因为，整理收纳的目的不仅仅是要让物品整齐，还要帮助我们节省时间。这样才是真正的高效整理收纳术。

传统行李箱收纳模式

1. 拿出服饰
2. 取下衣架
3. 折叠服饰
4. 放入行李箱
5. 打开行李箱
6. 拿出服饰
7. 服饰容易皱
8. 翻一翻容易乱

高效行李箱收纳模式

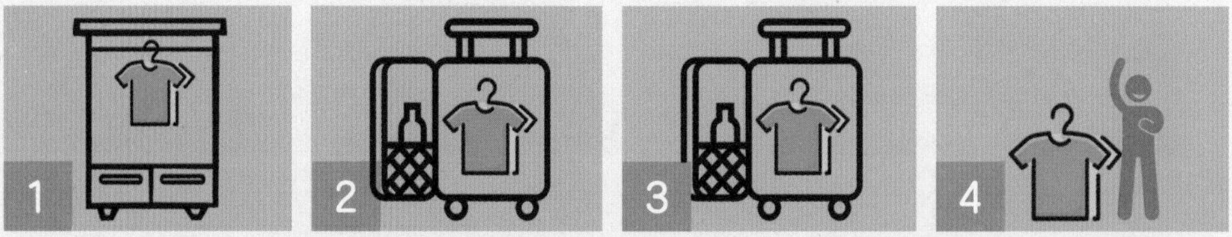

1. 拿出服饰
2. 直接放进去
3. 打开行李箱
4. 拿取方便

高效行李箱收纳模式下，服饰不需要折叠节省了大量的时间，而且服饰更加不容易皱，挂在酒店衣柜里，更容易找到自己想穿的衣服哦！

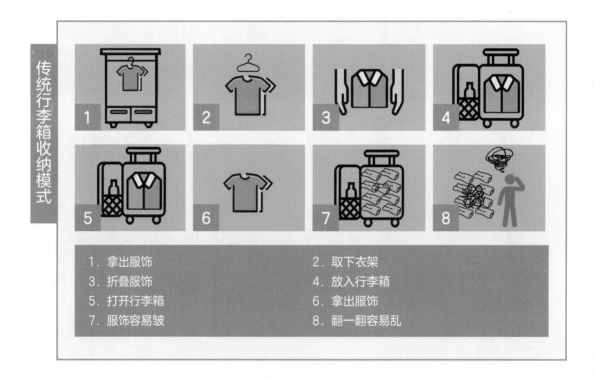

第七章

关键场景中的好习惯行为解析

一、自律墙让好习惯显而易见

著名教育学家叶圣陶先生曾说：“教育是什么，简单一句话，就是要养成好习惯。”习惯的力量是巨大的，好习惯一旦养成，就会悄无声息地塑造着我们的未来，让我们终身受益。

说一说 你属于下面哪一种场景呢？

好习惯的开端

在一个整齐有序的环境中，更容易养成好习惯。如果我们想要养成整洁有序的好习惯，可以尝试重新布置或安排现有的空间，让你的空间变得焕然一新。

如果想要让你的好习惯显而易见，还可以在你的房间里打造一面“自律墙”，这样可以给自己设置一个“提醒开关”，让好习惯“浮现在眼前”。

什么是自律墙

自律墙是一面包含价值观语录、行为清单、目标计划、反馈体系的文化墙，它相当于一个提醒和监督我们养成好习惯的“板报”，可以帮助我们建立良好的行为习惯，让生活变得更加自律。

- 自律墙
  - 价值观语录：内心力量
    - 梦想
    - 期待
  - 行为清单：逻辑清晰
    - 晨起清单
    - 睡前清单
    - 打卡清单
    - 课程表
  - 目标计划：专注有效
    - 专注于目标
    - 执行计划
  - 反馈体系：进步可见
    - 及时反馈
    - 奖励星榜

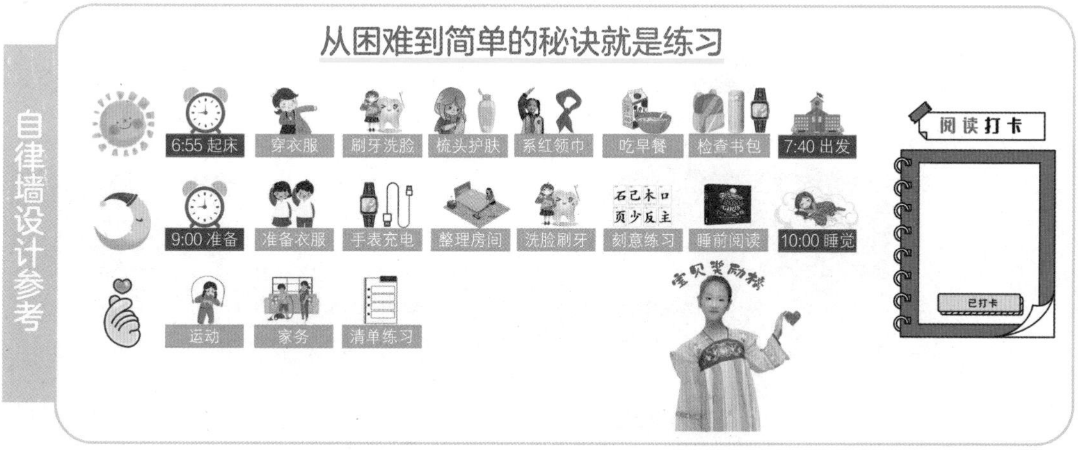

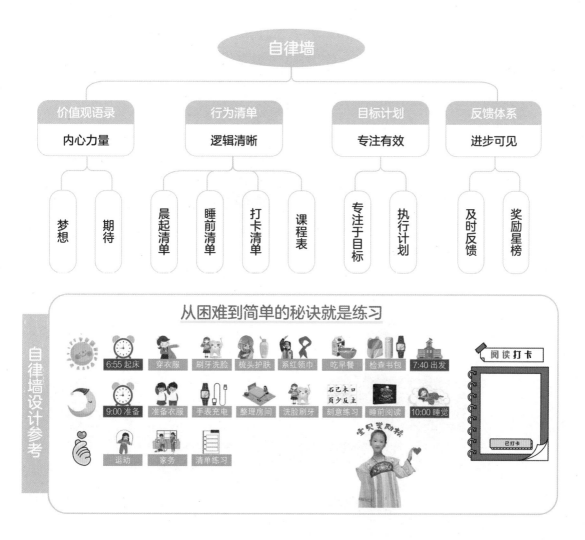

二、晨起行为习惯的建立

一年之计在于春，一日之计在于晨，早晨心情舒畅，会提高我们一天的幸福指数。闹钟响准时起床、洗漱、吃早餐、背上书包开开心心去上学，是很美好的事情。

不过也有同学抱怨，早上起床晕乎乎的，脑子像一团糨糊。

那要怎样才能够建立一套良好的晨起行为习惯呢？那就先从“整理大脑”开始吧！

01 晨起行为清单

选一选

了解自己起床后的行为，并进行合理的时间管理，可以收获一个更从容的早晨。

请在第 1 张表格中勾选出符合自己的选项，然后在第 2 张表格中对你的行为清单进行排序。

晨起行为清单

起床	穿衣服	洗脸刷牙	梳头发	护肤	叠被子

□	□	□	□	□	□

晨读	吃早餐	背书包	检查物品	穿鞋子	出门

□	□	□	□	□	□

请重新排序你的专属晨起行为清单

①	②	③	④	⑤	⑥

⑦	⑧	⑨	⑩	⑪	⑫

02 晨起关键行为解析

养成良好的行为习惯，跟每一个小细节都有关系，掌握行为习惯的关键妙招，可以让我们事半功倍。

起床小妙招

① 在前一天的晚上定好闹钟，这是最保险的起床办法；

② 闹钟不要放在床头，不然一不小心关掉闹钟又睡着了；

③ 利用智能闹钟，播放自己喜欢的起床歌，给自己加油打气；

④ 起床后拉开窗帘、打开窗户，让自己更清醒。

场景展示

睡觉前定好闹钟

把闹钟放在合适的地方

智能闹钟播放歌曲

穿衣小妙招

① 在前一天晚上准备好要穿戴的服饰；

② 把服饰放在床头方便穿戴；

③ 马上挂好睡衣，小事不拖延。

场景展示

前一天晚上准备

放在床头

马上挂好睡衣

洗漱小妙招

① 使用小的、薄的洗脸毛巾，方便搓洗和拧干；

② 梳子、皮筋悬挂收纳到最显眼的位置，不要放到抽屉里；

③ 擦脸霜尽量使用挤压式，开盖式容易忘记把盖子拧回去；

④ 洗漱类用品集中一起收纳，不分散更好找。

场景展示

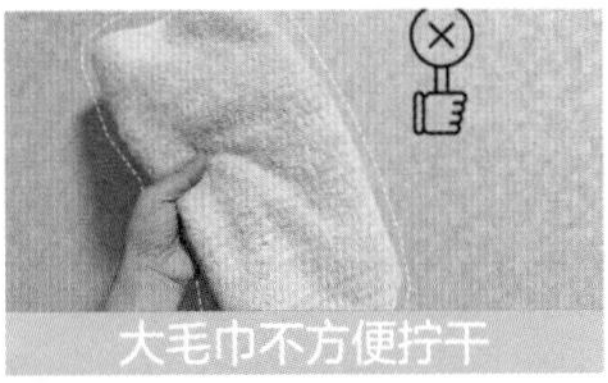
大毛巾不方便拧干

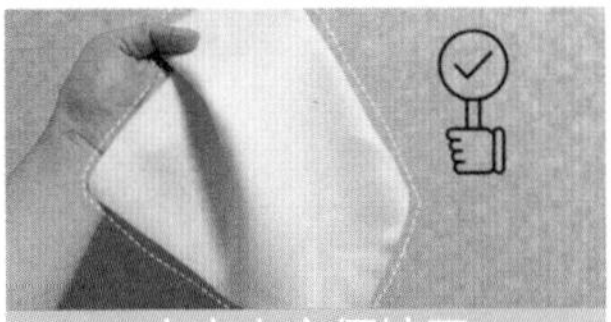
小方巾方便拧干

梳子悬挂收纳

皮筋悬挂收纳

带盖子不方便使用

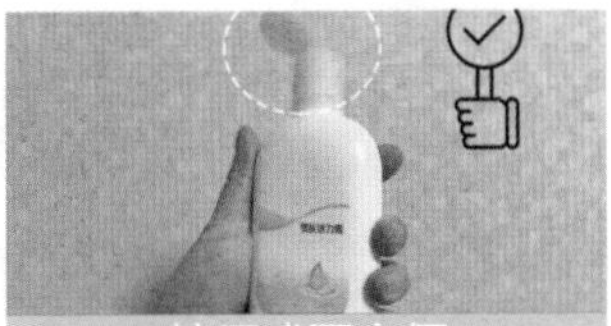
挤压式更方便

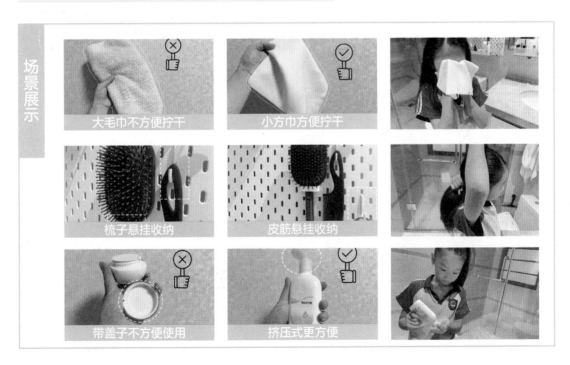

爱上刷牙小妙招

准备一个吸附式的 3 分钟沙漏，认真地清洁牙齿。

使用工具

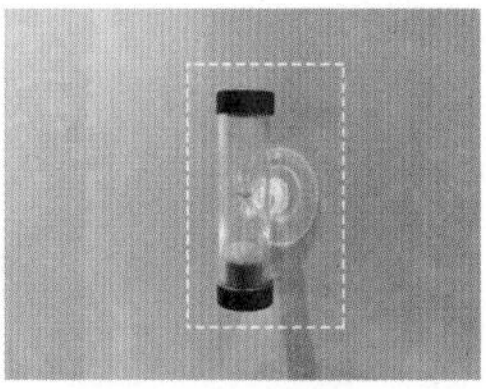

行为步骤

1. 拿出牙膏牙刷
2. 挤牙膏
3. 开始计时
4. 刷牙
5. 洗牙刷杯子
6. 放回原处

物品不遗漏小妙招

① 记录你最容易忘记的物品清单；
② 做一个手绘提醒图；
③ 将提醒图贴在大门口上，出门的时候可以提醒我们带齐物品。

场景展示

红领巾

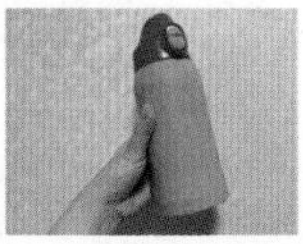
水杯

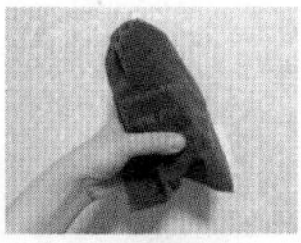
跳绳

校园卡 / 公交 / 地铁卡

钥匙

电话手表

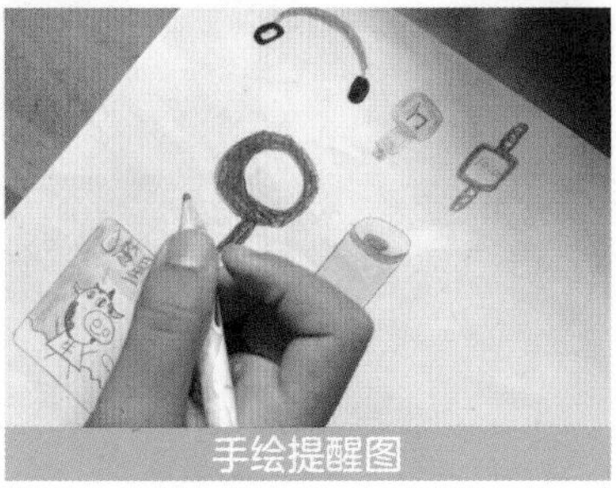
手绘提醒图

贴在大门上

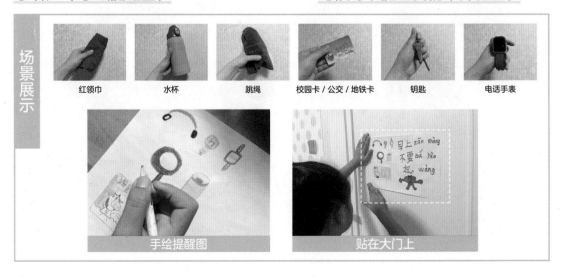

三、睡前行为习惯的建立

忙碌一整天后，我们的大脑也需要好好休息，大脑得到放松才会更加聪明灵活。如果晚上休息不好，白天上课打瞌睡，这可是丢了西瓜捡芝麻的“买卖”，太不划算了。

养成良好的睡前行为习惯，保证充足的睡眠，这还是帮助我们长高的秘诀哦！

01 睡前行为清单

排一排

了解自己睡觉前的行为，可以帮助我们更好地规划睡前黄金 1 小时，让我们变得从容而高效。

请在第 1 张表格中勾选出符合自己的选项，在第 2 张表格中对你的行为清单排序。

睡前行为清单

睡前洗漱

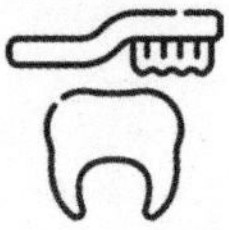

□

准备衣服

□

检查书包

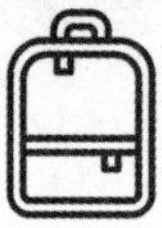

□

整理房间

□

睡前阅读

□

定闹钟

□

手表充电

□

学习机充电

□

请重新排序你的专属睡前行为清单

①	②	③	④	⑤	⑥

⑦	⑧	⑨	⑩	⑪	⑫

02 睡前关键行为解析

闹钟提醒小妙招

① 设置一个睡觉前 1 小时的闹钟，提醒自己进入睡前准备流程；

② 利用智能音箱播放 1~2 首歌曲，欢快地进入睡前流程；

③ 确定第二天早上的闹钟时间。

场景展示

睡前 1 小时提醒闹钟

智能闹钟播放歌曲

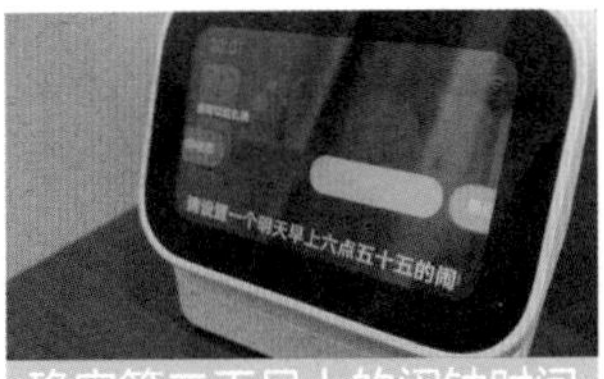
确定第二天早上的闹钟时间

睡前整理小妙招

整理书包、服饰和房间是睡前最好的仪式感，这样还可以让我们的大脑得到放松。按照标准去整理，可以让我们更容易完成。

场景展示

检查书包

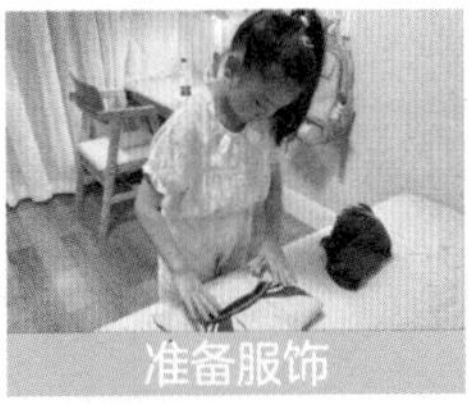
准备服饰

整理房间

书包标准

服饰标准

房间标准

四、做作业行为习惯的建立

哎呀，今天的作业又做到 10 点了。
总是被妈妈说我做作业慢得像蜗牛。
我也想早早地完成作业，这样就有时间玩耍了。
有什么办法能够帮助我快速完成作业呢？

01 做作业行为清单

排一排

了解做作业前后的行为，能够帮助我们更好地规划做作业的时间。

请在第 1 张表格中勾选符合自己的选项，在第 2 张表格中对你的行为清单排序。

做作业行为清单

喝水	上洗手间	写清单	拿出作业	做作业	家长签字
	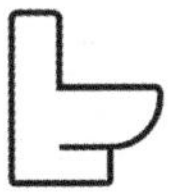				
☐	☐	☐	☐	☐	☐
整理书包	整理书桌				

☐	☐				

请重新排序你专属的做作业行为清单

①	②	③	④	⑤	⑥
⑦	⑧	⑨	⑩	⑪	⑫

02 做作业前后关键行为解析

做作业前，你需要“冷静期”

上一分钟还在玩耍，下一分钟就要开始写作业了，你也会有类似的经历吗？

① 无法静下心立即进入学习状态；
② 写作业时，一会儿想上厕所一会儿想喝水；
③ 写作业常常到处找东西。

别担心，有这样的情况也很正常，因为做作业之前，我们需要一个“冷静期”，这样才能让活跃在游戏中的大脑慢慢过渡到平稳状态，然后才会更加专注地投入到学习中。

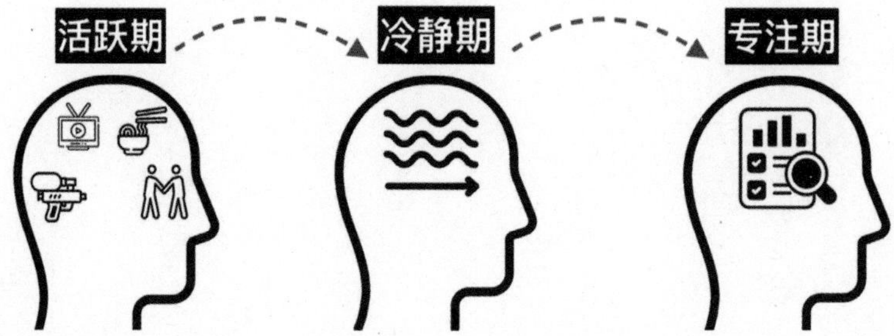

“冷静期”可以做哪些事情

在“冷静期”做什么事情最容易让自己的身体、大脑得到冷静呢？

答案就是：清空和整理。

当身体、书包、书桌被清空，大脑里多余的信息也会随着清空。

通过写清单的方式，对接下来要做的事情整理先后顺序，大脑就会出现目标感，更加专注。

作业前准备步骤：清空 + 整理

清空

- 清空身体
  - 喝水

  - 上洗手间

- 清空书包
  - 把书包清空

  - 扔掉垃圾

- 清空书桌
  - 按照图示清空

整理

- 整理作业
  - 写清单
  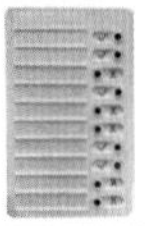
- 整理作业本、书本
  - 放到未完成、已完成盒

- 整理文具
  - 拿出必要的文具

写清单

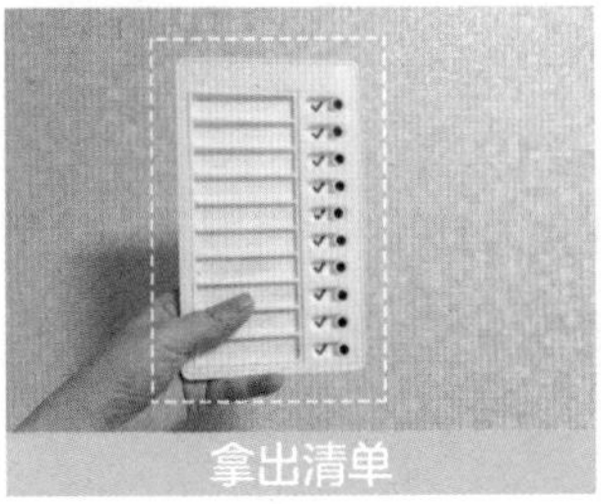
拿出清单

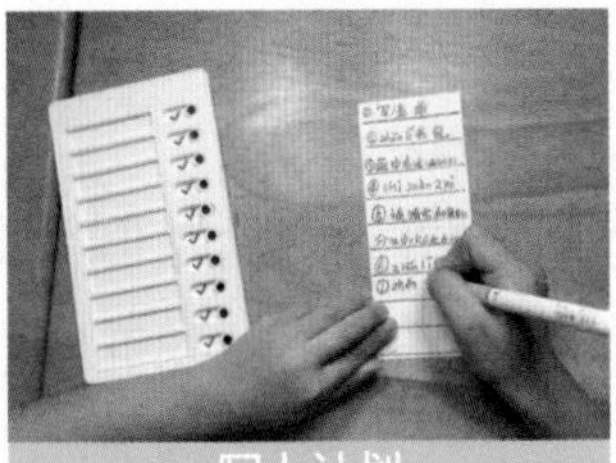
写上计划

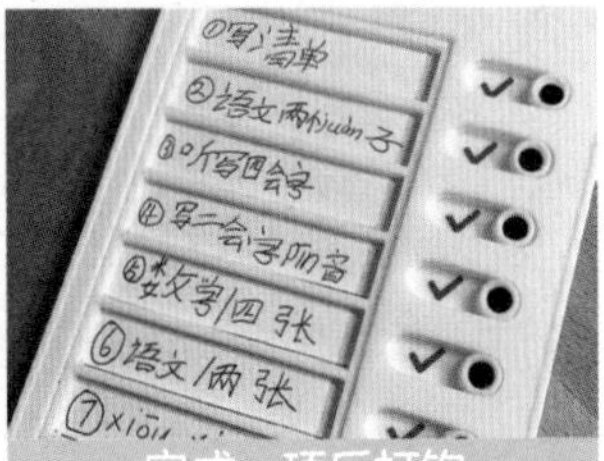

完成一项后打钩

整理书本

拿出作业本、书本

放入未完成盒

已完成的放入已完成盒

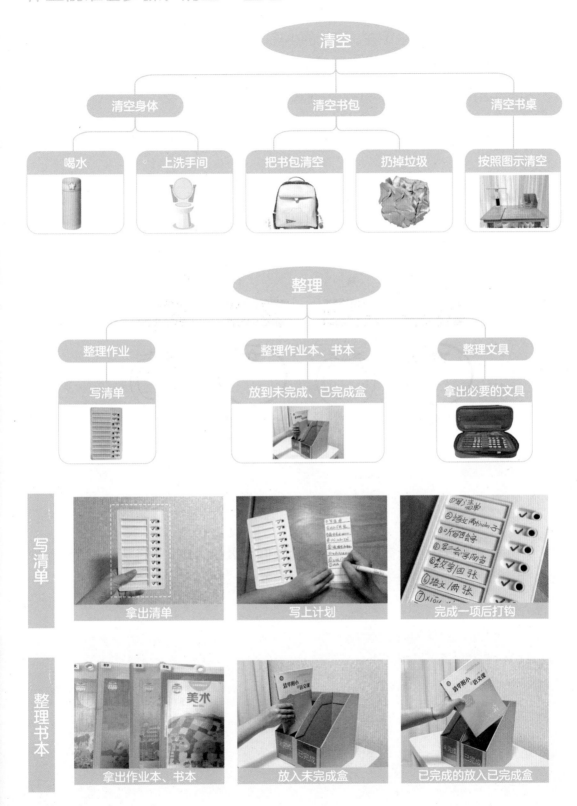

做作业中，你需要“吃番茄”

写作业的时候总是坐不住，窗外的小鸟、家里人的说话声、厨房的香味等，这些都可能会让我们分心。你是不是也会有类似的经历呢？

如果是这样，那是因为你在完成作业的时候缺乏目标感和紧迫感，快来“吃一颗番茄”，让你的大脑保持专注。

什么是“吃番茄”呢？这就是著名的番茄时间管理法。

① 设置一个 25 分钟的倒计时，这段时间内只专心做一件事，别的事都不能做。

② 25 分钟结束之后，再设置一个 5 分钟的休息时间。

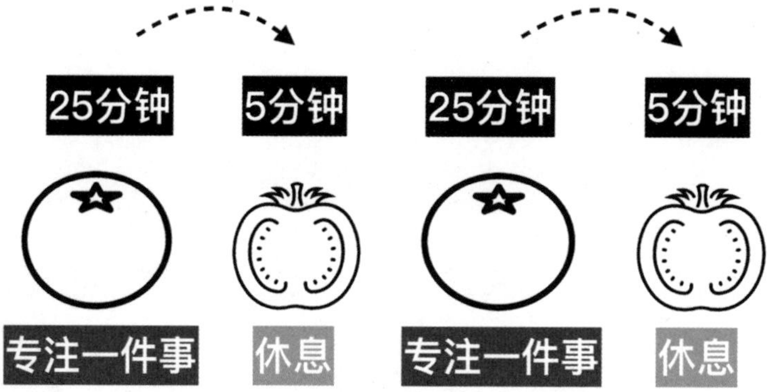

“吃番茄”要量力而行

每位同学的专注力会有所不同，特别是低年级的同学有可能无法做到 25 分钟专注一件事情，因此我们在刚开始练习的时候可以适当地降低“吃番茄”的难度。比如：

① 25 分钟专注，10 分钟休息；

② 20 分钟专注，5 分钟休息；

③ 15 分钟专注，5 分钟休息；

记住，只有让自己感受到“我能”“我行”的成就感，这个“吃番茄”的方法才会有效。

作业中步骤：专注＋休息

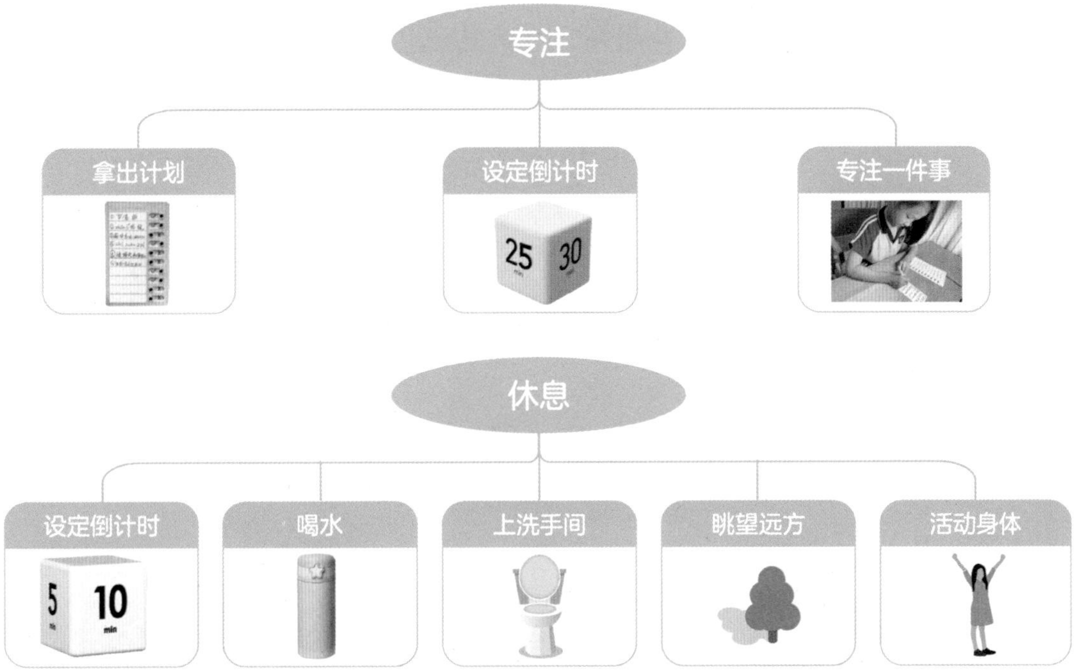

时间管理创意 DIY：番茄表格

自己动手 DIY 一个番茄表格吧，记录每一颗番茄的内容，学会总结和分析，日积月累，你的时间管理一定会做得特别棒！

高效思维·番茄时间管理法

姓名：　　　　　　日期：

①必须做	25分钟专注	任务：
	5分钟休息	
	25分钟专注	任务：
	5分钟休息	
	25分钟专注	任务：
	5分钟休息	
	25分钟专注	任务：
	5分钟休息	
	25分钟专注	任务：
	5分钟休息	
	25分钟专注	任务：
	5分钟休息	

②想要做	
1	
2	
3	
4	
5	
6	

总结

你今天吃了“几颗番茄”？

“吃番茄”中途被打断的原因？

③计划外	1
	2
	3

做作业后，你需要“2 分钟”

终于把做作业做完啦，这个时候的你一定非常有成就感，现在只需要 2 分钟的时间，完成最后三件事情就搞定啦！

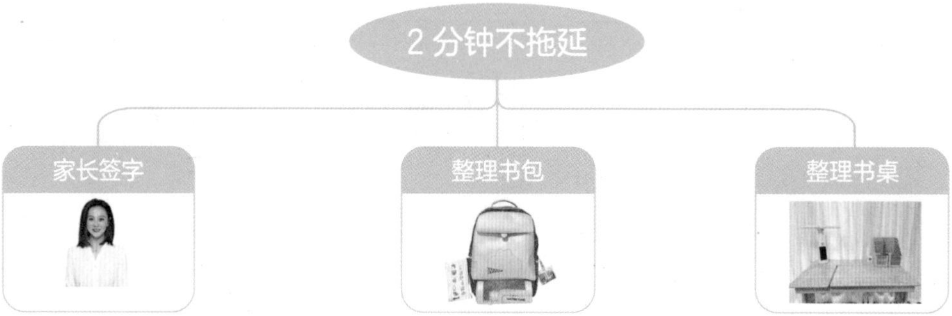

场景展示

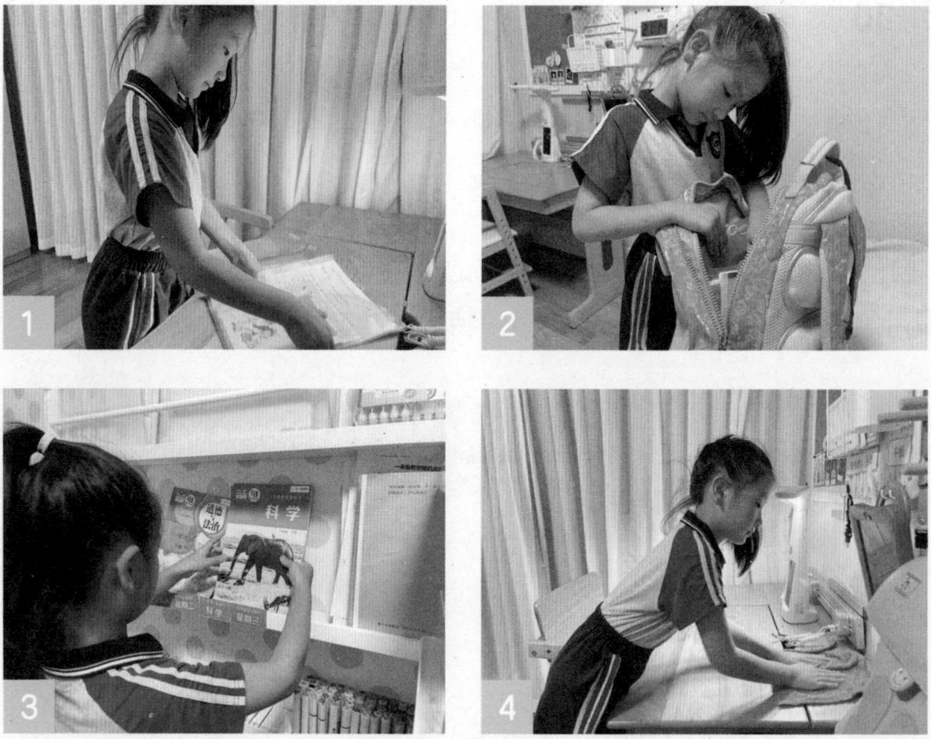

1. 把书本作业按一课一袋放好
2. 统一放到书包里
3. 整理好明天需要的书本文具
4. 收拾好自己的小书桌

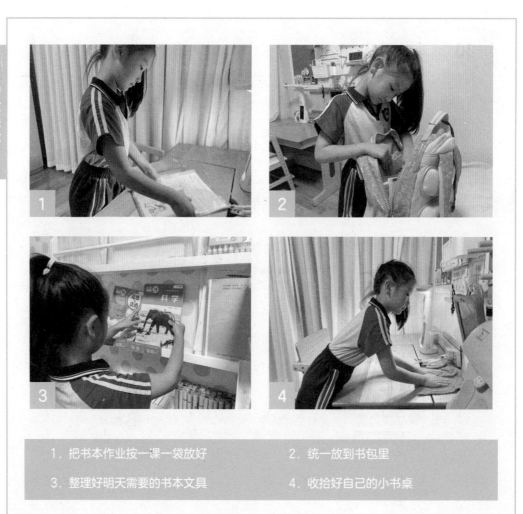